VIDEO GAME DESIGN

PRINCIPLES AND PRACTICES FROM THE GROUND UP

国际游戏设计全教程

如何打造引人入胜的游戏体验

© Bloomsbury Publishing Plc, 2016

This translation is published by arrangement with Bloomsbury Publishing Plc.

Translation © 2016 China Youth Press

版权登记号： 01-2016-8031

律师声明

北京市中友律师事务所李苗苗律师代表中国青年出版社郑重声明：本书由著作权人授权中国青年出版社独家出版发行。未经版权所有人和中国青年出版社书面许可，任何组织机构、个人不得以任何形式擅自复制、改编或传播本书全部或部分内容。凡有侵权行为，必须承担法律责任。中国青年出版社将配合版权执法机关大力打击盗印、盗版等任何形式的侵权行为。敬请广大读者协助举报，对经查实的侵权案件给予举报人重奖。

侵权举报电话

全国“扫黄打非”工作小组办公室
010-65233456 65212870
http://www.shdf.gov.cn

中国青年出版社
010-50856028
E-mail: editor@cypmedia.com

图书在版编目（CIP）数据

国际游戏设计全教程：如何打造引人入胜的游戏体验 /（美）迈克尔·萨蒙德编著；张然，赵嫣译. — 北京：中国青年出版社，2016.12
书名原文：Video Game Design Principles and Practices from the Ground Up
ISBN 978-7-5153-2341-1
I.①国… II.①迈… ②张… ③赵… III. ①游戏程序-程序设计-教材 IV. ①TP317.6
中国版本图书馆CIP数据核字（2016）第294632号

国际游戏设计全教程：如何打造引人入胜的游戏体验

[美] 迈克尔·萨蒙德（Michael Salmond）/编著　张然 赵嫣/译

出版发行：中国青年出版社
地　　址：北京市东四十二条21号
邮政编码：100708
电　　话：（010）50856188/50856199
传　　真：（010）50856111
企　　划：北京中青雄狮数码传媒科技有限公司
策划编辑：曾　晟
责任编辑：刘稚清　张　军
封面设计：张旭兴
印　　刷：北京博海升彩色印刷有限公司
开　　本：889×1194 1/16
印　　张：16.5
版　　次：2017年2月北京第1版
印　　次：2017年2月第1次印刷
书　　号：ISBN 978-7-5153-2341-1
定　　价：108.00 元

本书如有印装质量等问题，请与本社联系
电话：（010）50856188 / 50856199
读者来信：reader@cypmedia.com
投稿邮箱：author@cypmedia.com
如有其他问题请访问我们的网站：http://www.cypmedia.com

VIDEO GAME DESIGN

PRINCIPLES AND PRACTICES FROM THE GROUND UP

国际游戏设计全教程

如何打造引人入胜的游戏体验

[美] 迈克尔·萨蒙德
(Michael Salmond) / 编著

张然 赵嫣 / 译

中国青年出版社

目录

第三部分：系统和设计世界

简介

这本书的内容是什么，适合什么人看？

教授电子游戏设计其乐无穷；教游戏设计带来的乐趣不亚于玩游戏。经过多年教学，我已经能告诉学生一些做出更好游戏的重要法则了。在教学过程中，本书内容得到不断充实。这本书介绍了电子游戏设计的概念和原则，可以应用于任何种类或任何平台的游戏上。如果你想设计游戏，那么游戏设计的第一法则就是“放手去做”——做游戏，犯错，从错误中学习，就是这样一个过程。与其花一年时间力图做出一个完美的游戏，不如做五个不太好的游戏，然后从错误中学到经验。第二法则是，想做出更好的游戏，不管是独立制作者、自主开发的小团队，还是为大游戏开发者服务的更大团队中的一分子，你都需要了解游戏制作的准则和过程。

这本书涵盖了电子游戏构想、制作的基础和原则，可以作为从“想做一个电子游戏”到“真正做一个电子游戏”整个阶段的启蒙读物。我根据为展览制作的艺术电子游戏经验，和这些年教授的电子游戏课程经验集结了本书的内容。我教授的学生，毕业后为大型游戏设计公司工作，或参与制作了成功的独立游戏，他们继续为本书提供了更翔实的信息。书中的采访和案例研究偏向独立游戏制作，因为对学生来说，独立游戏制作能带来更强的成就感。尽管书中的见解来自“大电子游戏项目”产业，而我也在研究这个产业与其产品，但我也特别关注更小、更容易实现的游戏。做小项目的小团队是整个新电子游戏产业的灵魂；小游戏让学生更快地成为设计师，让创意更好地实现而不用承担损失百万美元的风险。本书中的示例和采访研究了做出过热卖小游戏的个体背后的热情和动力，因为我特别希望我的学生们都能拥有同样的热情与动力。

提示 **跳着读！**

这本书不是小说，根据你自己的需要，可以不按顺序阅读。章节之间的内容虽然遵循一定的逻辑结构，但电子游戏设计是一个多线程和复杂的过程，当你设计游戏的时候，来回翻一翻各章节可能会有收获。阅读的时候请放轻松！

前两章是唯一有一定渐进顺序的章节，为了让大家更好地了解游戏，介绍了它的概念和大致梗概。

有了初步的了解后，你可以挑选自己感兴趣的部分跳着阅读。当你设计第一个电子游戏，经历或挫败或欢欣鼓舞的过程时，我希望这本书可以提供适当的指引。更多关于本书的信息，可访问以下网站：www.bloomsbury.com/Salmond- Video- Game

作为一名游戏设计师，你必须找到自己的方式，创造出自己想做的游戏。实践和经验是无可取代的，但本书可以帮助你马上开始认真地制作自己的第一个游戏。书中的论题不能完全直接套用到所有类型或所有媒介的电子游戏上，但能帮助你获取所需要的知识，在制作游戏的过程中学以致用。它提供了指导、理论，能让你更深入地思考电子游戏的论题，让你对游戏产生初步的概念性的了解，让你不再停留在游戏玩家的角色中，而是朝着游戏设计师的方向迈进。

0.1

0.1

就像《镜之边缘》（Mirror’s Edge，一款由瑞典EA DICE游戏工作室开发的第一人称动作游戏）中的冒险动作一样，所有创作活动需要放胆一试。不要光停留在设想上，与其假想某一天或许可以尝试制作一款游戏，不如现在就行动起来。（图片来自《镜之边缘》）

提示

了解本书中的示例

本书中的示例大部分集中在角色扮演类游戏（RPGs）、动作游戏和第一人称射击类游戏（FPS）领域。当然也包含了其他类型的游戏，但为了整体内容的连贯性和相关性，我主要介绍那些比较流行的类型。作为一个游戏设计师，应该可以融会贯通，把书中提及的原则和构件应用到大量电子游戏形式和平台上。第一人称射击类游戏的设计经过修改，在角色扮演游戏中也一样可以运行得很好，其他应用情况可依此类推。对于游戏发布的平台亦然——本书并不探究手机和游戏机、电脑和基于网页平台之间的具体差别。如果理解充分，本书的原则和惯例适用于任何平台的任何游戏类型。

第一部分
文化、玩与游戏

第一章：
你想成为一名电子游戏设计师吗？

本章目标：

- 了解游戏的本质
- 游戏、玩、文化、游戏文化和游戏修辞的基本概念
- 开始探索

1.1

《小小大星球》和《小小大星球2》中的角色，由英国Media Molecule工作室开发。

规则和公式

设计师和他们制作的游戏一样，需要遵守规则。规则可能会不断改变，可能人与人之间、工作室与工作室之间的规则并不相同。但规则确实存在，大多数规则的制定来自于对游戏和制作者本身的了解，知道这点对任何创作追求都是极为重要的。热情和坚持比你想象的更重要，但电子游戏间的竞争越来越激烈；每天都有新游戏发布，有些投入巨大，有些则完全没有预算。本书不是想简单地帮助你“做出游戏”，而是想帮你“做出更好的游戏”。本章要带你通往“成为更好的游戏设计师”之路，这条道路起始于聆听、观察和研究。

没有一个公式能告诉你如何创造出成功的电子游戏。如果有，就会有更多的人来制作游戏了。了解产业信息和制作流程中的重要步骤可以帮助你将创意转化成成品。没有一个案例、没有一个教程，能向你展示如何制作你自己的游戏（我的学生每学期都在尝试寻找，但从来没能找到）。你需要从丰富的资源和兴趣点中搜寻：从心理学到艺术，从摄影到旅游，从做白日梦到画速写。电子游戏常常体现了创造者的个人特征，这就是游戏独特和有趣的地方。不管创作者多少岁，游戏是他学习和经历等方面的大集合。

1.2

Aesthetics Ae					Art Ar	Coding Co
Fun Fu					Interface In	Strategy St
Character Cr	Addiction Ad	Story St	Mechanic Me	Genre Ge	Reward Rw	Planning Pl
Levels Lv	Audio Au	Originality Or	Feel Fe	Pacing Pa	Feedback Fe	Testing Te

1.2

杀手电子游戏的公式！遗憾的是，这样的公式并不存在；并没有一个公式能创造出“史上最厉害的电子游戏”。就像所有的创意过程一样，游戏设计需要的是勤奋、灵感和付出。

游戏的定义

为了更好地理解电子游戏，我们首先要解释游戏和电子游戏的概念。这是深入了解电子游戏的基础步骤。如果我们把游戏当作娱乐或表达媒介，第一个问题就是：当我们提起“游戏”这个词时，它到底意味着什么？“游戏”和“玩”这两个词经常被误读，一定程度上，都带着某种贬低的意味。本章的这一部分我们会开始探讨什么是游戏，怎么玩，为什么要玩以及我们如何从游戏中学习。

游戏的定义有很多。我在本书中使用的定义来自于游戏理论家杰瑟夫·尤尔（Jesper Juul）的论文《游戏、玩家、世界：寻找游戏的核心》（2003年）：“游戏是一个基于规则的形式体系，有可量化的大量结果，不同结果赋予不同价值，玩家为了影响结果而付出努力，觉得自己的努力与结果息息相关，活动的结果是可改变和可协商的。”

游戏和日常生活不同，游戏基于规则、目标和明确的结果。这个对游戏的定义从整体上非常适用，但根据玩游戏时的体验不同，对游戏的定义可能有细微差别。

游戏的结果可以根据规则而改变。

“赢”和“输”可能分很多等级。

玩家必须在游戏（称为“游戏代理”）中玩游戏。

玩家想达成某个结果或目标。

游戏具有结果（赢、输、社交、观点的改变）。

1.3-1.4

《反重力赛车》（WipEout HD，2008年，由Psygnosis开发）和《宝贝万岁》（ViVa Piñata，由Rare开发）是两款相当不同的游戏。它们的共同点是它们都是游戏：有结果、目标和游戏代理。

1.3

1.4

孩子玩的游戏是成人游戏的基础。很多校园游戏相当精细复杂，这些元素在我们长大后依然出现在游戏中。玩家想要在游戏中玩得尽兴，取得令人满意的结果。他们不一定总是追求“赢”或“通关”，可能只是想体验一下或享受和朋友们一起做点事的乐趣。所有游戏的唯一共同点是都有规则。在电子游戏中，规则也可以称为游戏的“机制”（Mechanic，我们将在第二章中介绍规则）。所以，第一人称射击类游戏的机制是射击。游戏动作由损坏、瞄准、奔跑、跳跃、隐藏等机制组成。游戏机制也遵循现实世界的规则，比如，你能射击或不能射击的是什么，你能造成或承受多大的伤害，等等。

“追拍”游戏的规则很简单：四处跑，设法别被拍到。如果被拍到，你就成为“拍人者”，必须追逐和拍到另一个人，让他替代你。这种游戏的重点是如何有趣且能吸引人。所以追拍游戏有一个技能点：在开放空间奔跑和触碰（通常是有限制的场地，但也并非绝对）。通过物理接近将“拍人者”头衔从一个玩家传递到另一个玩家。这里面包含另一层规则设定：两个玩家必须对“触碰”成功达成共识，即触碰必须被感知，以便“拍人者”身份状态的交接。

简单游戏中规则之上的小附加条件，比如时间限制、距离或对游戏公平性的认可，宣告了游戏设计的纪律，因为不是所有第一人称射击或动作游戏的规则都是一样的。从“核心”游戏比如追拍游戏，可以演变出“站在泥里”游戏（同样的游戏，但被拍到的人必须站住，其他“自由”玩家必须通过触碰让他们从假想的“泥地”中重获自由）。“拍人者”为了赢，就要困住所有活动的玩家。通过改变一个核心机制，更多的游戏便产生了。这是游戏设计的一个普遍现象；很多第一人称射击类游戏都有一个核心机制，但你不会说《生化奇兵》（BioShock，Irrational Games游戏工作室，2007年）和《使命召唤：现代战争3》（Call Of Duty Modern Warfare 3，Infinity Ward游戏开发公司，2007年）是同一款游戏。

1.5

根据等级设计、审美和叙事的设定标准，《使命召唤》在很多方面可被归入第一人称射击类游戏。

游戏永远和我们在一起

孩子玩的校园游戏的优势是：可以创建自己的规则（通常比较草率），在主体游戏（或机制）不变的情况下无数次地融合或打破规则。为了定义什么是游戏，首先让我们来了解一下什么是“玩”。从人类自身情况的很多方面来说，我们看到或体验到时就会知道什么是“玩”，却很难从语言和概念上定义什么是“玩”。

很多人以“玩”为主题写书和学术论文，从这些理论中，形成了对游戏学规律和玩的研究。为了更好地研究“玩”，我们首先看看游戏和玩的历史。并不奇怪，从人类存在以来，我们就开始玩了。公元前3100年，埃及人玩棋盘游戏塞尼特（一种有着清晰规则、结果和行为的古老游戏）。《古墓丽影：最后的启示》（TombRaider：The Last Revelation，Eidos游戏公司，1999年）中，主角劳拉要进入下一关，就必须解开塞尼特谜题，说明了游戏的历史悠长。

在游戏机上玩的很多游戏追溯起历史来比我们想象的还长。比如，多玩家第一人称射击类游戏非常类似于小男孩在学校里玩的“战争”游戏（大部分，但不是绝对）。游戏通常在两组人之间进行，团队X对战团队Y。每个团队假装射击对方；一旦“死了”，玩家必须等待预定间隔量的时间才能回到战斗。或者参考棋盘游戏，比如国际象棋或《大战役》战棋（孩之宝出品）；它们是即时战略游戏（RTSs）的前身。由于空间的限制，它们缺乏后者的生动性和复杂度，但本质上说，玩的规则和结果是一样的。

提示

游戏学

游戏学是对游戏、游戏设计、玩家和他们文化角色所进行的学术和批判研究。作为现代研究理论，游戏学建立在约翰·赫伊津哈（Johan Huizinga）和罗杰·卡约（Roger Caillois）的著作基础上。赫伊津哈是一个文化历史学家，卡约是社会学家；两个学者都关注游戏相关理论，认为游戏是文化的载体并可以创造文化。对于游戏学家来说，游戏是很重要的。它们反映我们的社会文化，并且更深入地揭露“我们是谁”。现代电子游戏和几十年来的游戏——即使不是几千年来的游戏，在文化和历史上都是一脉相承。改变的是发布或技术（屏幕、交互、人工智能等）、文化（电子游戏超越了原来的媒介，转到其他媒介上，现在是流行文化的一部分）、地点（电子游戏趋向于在室内玩，比校园游戏的活动量小）。游戏的核心——学习、娱乐和社交，从不曾改变。

1.6

多玩家线上游戏，比如《光晕2》多人游戏（Halo 2 Multiplayer， Bungie游戏设计工作室，2004年）是很多校园“战争”游戏的复杂技术版本。

因此，在玩了千百万年的游戏之后，伴随着岁月流逝，虽然我们不断地改进着新技术，可是始终保留着从几千年人类历史中沉淀下来的游戏本质。现在我们来面对两个更长远的问题：相较于“非玩性”活动，我们如何定义“玩”？我们为什么要“玩”？

在1955年（13）版著作《游戏的人》（Homo Ludens）中，约翰·赫伊津哈（Johan Huizinga）将“玩”定义为：

- “普通”生活范畴之外的一种有意识的自由活动。
- “不严肃”的，但同时能够强烈且完全吸引玩家。
- 一种没有物质利益、不能获得利润的活动。
- 在与其相适的时间和空间中，根据固定规则，以有序的方式进行。
- 促进社会组织的形成，倾向于通过伪装或者其他手段，用秘密和强调与平常世界的差异性将自己包裹起来。

或者，我们稍微换一下思路：“玩”是免费的；“玩”不是日常生活，不用反映任何现实。“玩”不能盈利（作为目标和结果）。玩，与真实的生活不同，可以发生在任何地方、任何时间段。“玩”是可控的，但不包括哪些不参与游戏的人。“玩”的本质是一种自我奖励。

那么，我们为什么要这样做？有一种理论认为“玩”是我们童年时期自我发展和学习过程的重要组成部分。孩提时，我们的学习方式来自学校的课程和教程，但“玩”是更有趣，并且具有创造性的方式。“玩”是在不知不觉中进行的学习，我们在意识和潜意识层面上运用它去理解我们周围的世界。

这种行为持续到成年。例如，我们可能不认为我们的社交媒体是一个游戏，但它确实就是。我们结交朋友、我们发布更新（就像刷排行榜），我们沉迷于幻想，并与其他人展开竞争（谁发了有趣的帖子？谁在做最有趣的事情？）。我们的生活开始变得越来越像游戏，但我们并不认为这二者有什么关联。这是因为游戏和玩耍是我们生活中不可或缺的一部分，我们忽视了日常生活中的游戏元素，但它仍然存在。我们只是倾向于把它称为其他东西，例如，赢得了易趣网的出价投标或避开排长队的烦恼而第一个获得服务。其实这些对我们来说，都是游戏。游戏对我们的成长和日常生活非常重要，心理学家和认知科学家对其进行研究，并提出了一些关于它的不同的理论。

游戏测试

“一个程序，对无休止的游戏进行测试比我想象的要容易得多。关于程序性的游戏，一件重要的事情是，你可以为了达到测试目的而将其进行非常规的设置。例如，我可以让建筑随着炸弹一起掉落，如果我想在游戏中修正屋顶的代码。我可以看到反应时间、障碍，和一个即将要用到的区域，然后做出必要的调整。它有效地分割测试使得你没有时间进行操作去到达X点。这也许有点奇怪而且不同于正常的游戏开发，但最终我发现它更容易也更有趣。你会经常发现，你错过了一些非常奇怪的临界情况。（临界的情况是指一个发生在正常运行参数以外的问题。例如，一个响亮的扬声器可能持续正常工作，而在高湿度环境下以最大音量工作时会突然产生噪音。）

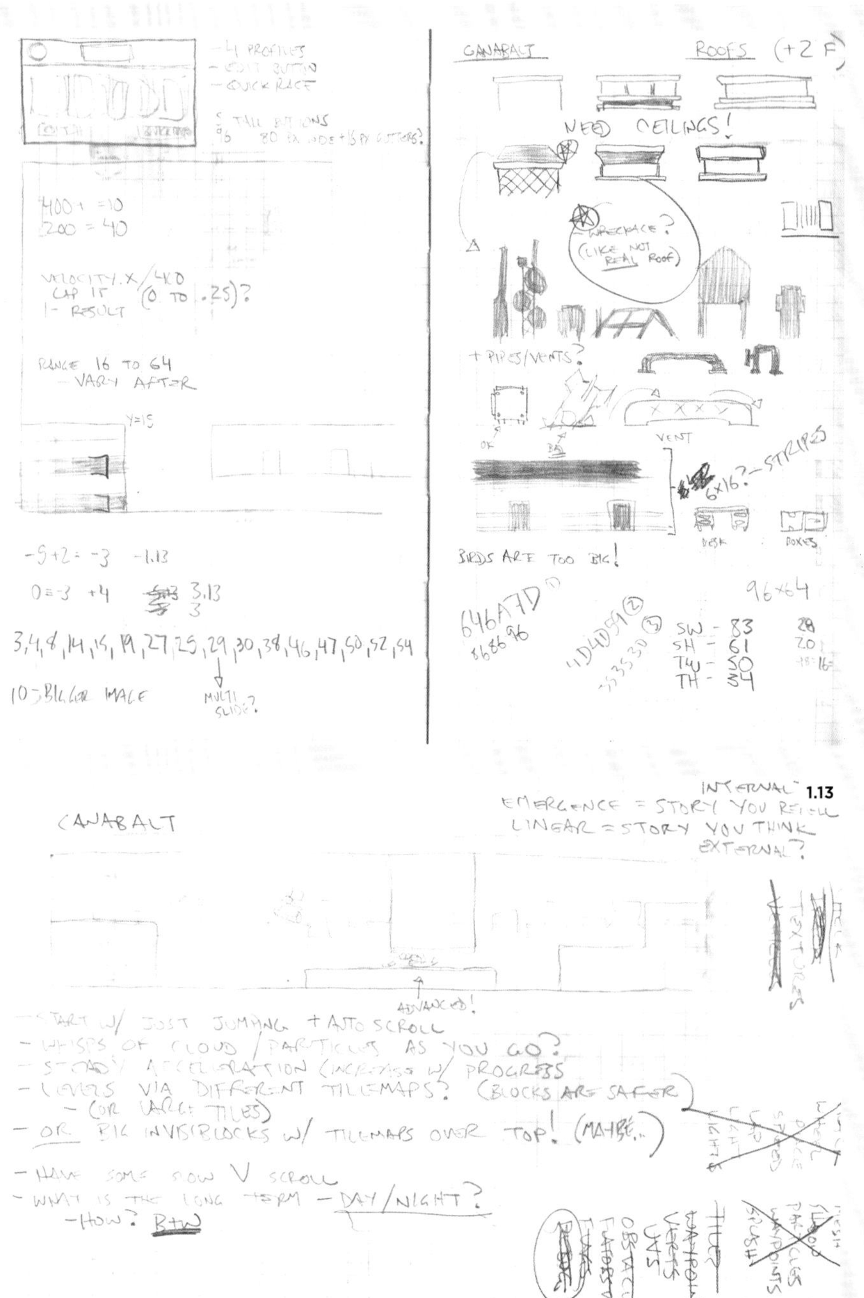

1.12

亚当的开发者笔记中提到，大多数的开发人员在使用任何软件之前，都会制作草图展现工作想法和概念。遵从最低廉的创意和迭代方式。

1.13

草图和笔记可以提出涉及游戏各个方面的问题。同时，笔记本可以被反复挖掘，虽然可能有的创意当时已经被抛弃了，但现在看来却很有意义。

改变游戏

“《屋顶狂奔》设计的初衷是因为它有一个有限的和绝对的结局。在《屋顶狂奔》之前，我做了另一个没结局的游戏《重力吊钩》，所以当我开始制作《屋顶狂奔》时我真的想要一个结局；这似乎是我的游戏开发过程中的一个进化。当我在游戏中工作时，结局似乎变得越来越少，越来越难定义。灵活多变是过程的一部分，作为游戏开发的感觉像是做错了事情，最终，墓志铭、死亡的消息成为该游戏的结局，但游戏可以永远继续下去。”

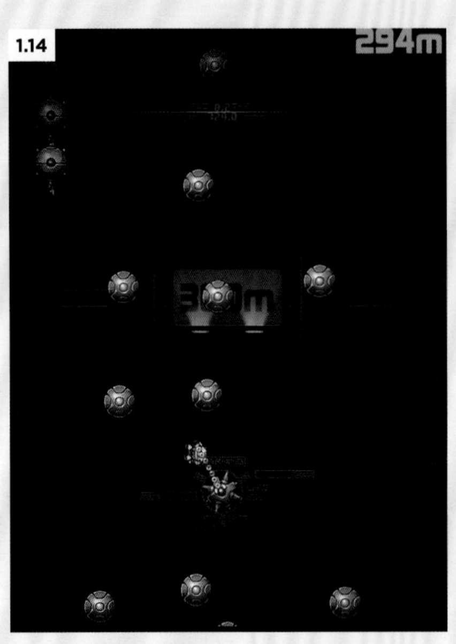

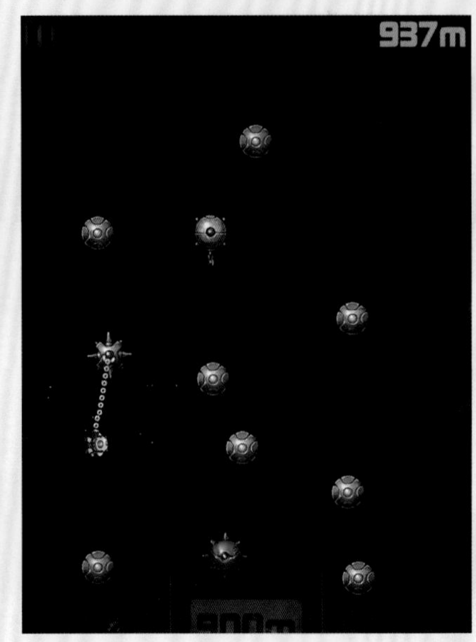

1.14

亚当早期的游戏《重力吊钩》，是《屋顶狂奔》的前身。这是一个无休止的游戏，让玩家在开始游戏时就处在死亡状态。《重力吊钩》是一个很好的例子，展现了电子游戏开发人员如何通过时间和实验改进他们的想法。虽然游戏在操作上完全不同，亚当利用《重力吊钩》的成功，并建立在一些缺点的基础上创作了《屋顶狂奔》。制作游戏是制作更好的游戏的唯一途径。

2m
01
EXIT
952m

277m
300m

本章小结

游戏正伴随着玩家心理的变化日益发展。电子游戏已经成为玩家们更为深入的、沉浸式体验的平台，而开发者们正在寻找超越计算机科学和艺术的游戏，让它们更受欢迎。现在，开发者们开始为玩家们寻找最佳的游戏体验，以使他们能够长时间游戏，并让他们觉得难以放下。

游戏和娱乐在一个大的范畴解释了谁创造了我们和我们是谁，并在其中占据了很大比重。电子游戏的开发涉及人类精神和文化的许多领域，这是设计中刻意遵循的原则。本书中接下来的章节将探讨游戏、文化、参与、乐趣和沉浸的不同元素是如何被提炼和设计成电子游戏的。作为一个电子游戏设计师，你将创造一个全新的世界和全新的虚构故事供人们娱乐。这是一个责任巨大和令人兴奋的事业。构建世界不只是创造一个宇宙的螺母和螺栓，而是对世界是什么，它是如何工作的，谁在上面生活，以及事物于事物如何产生关联。现在我们对于什么是游戏，以及谁研究他们，谁参与游戏有一个更好的理解。下一步我们要更深入地了解它们。

讨论要点

下面的讨论点是为了帮助你对我们世界中的文化、伦理、产品和地方进行批判性的思考。每章的最后我们都会有类似的问题。

1. 游戏的最佳定义是什么？在这一章中我们学到了杰瑟夫·尤尔的“游戏”的定义。你有什么不同观点吗？如果有，是什么以及为什么？

2. 规则与机制：以一种游戏——任何游戏，剖析其游戏规则和机制。例子有：《吃豆人》（Pac-Man，南梦宫），《乒乓球》（Pong，Atari），或一字棋。游戏规则告诉你什么？机制是如何支持和影响规则和游戏的？

3. 选择一个游戏——任何游戏，尝试定义它的本质。什么样的体验激发了玩家？简单更改一条规则或机制如何改变了游戏体验？（例如，当“标记”的经验成为“黏在泥中”呢？）

参考文献

Huizinga, J. (1955), Homo Ludens: A Study of the Play-element in Culture, Boston: Beacon Press.

Juul, J. (2003), "The Game, the Player, the World: Looking for a Heart of Gameness," in M. Copier and J. Raessens (eds), Level Up: Digital Games Research Conference Proceedings, 30–45, Utrecht: Utrecht University. Available online: http://www.jesperjuul.net/text/gameplayerworld/

Schech, S. and J. Haggis (2000), Culture and Development: A Critical Introduction, Oxford: Blackwell Publishers.

Sutton-Smith, B. (1997), The Ambiguity of Play, Cambridge, MA: Harvard University Press.

第一部分
文化、玩与游戏

第二章：
创建世界

本章目标：

- 对创建游戏世界的探索
- 理解游戏机制、规则、成果、目标
- 将角色行为植入游戏世界

2.1

《肯塔基0号路》，由Cardboard Computer工作室开发（2013年）。

创建一个游戏，即构建一个宇宙

在第一章我们探究了为什么我们要玩游戏，谁是玩家，以及一些有关游戏的心理学原理。本章将从创建游戏世界开始讨论。这里不说技术方面的建模、编程、动画，或关卡设计（关卡设计在第八章和第九章）；相反，我们将探讨一个理念，即创造一个独特的世界。这个世界不一定必须与我们真实的世界完全符合。它或许有着和我们的世界不一样的物理现象。它可能有着我们的世界所没有的各种界限和界面。（你最后一次按下一个绿色的“A”按钮来捡起一些东西是在什么时候？）它可能具有一些在我们的世界里没有意义的指令或限制。（你在现实生活中会像游戏角色在电子游戏里那样到处跑吗？）《魔兽世界》（暴雪娱乐，2004年）或《使命召唤》确实可以作为游戏真实世界的标签。游戏里的虚构空间有着不同的规则和不同的历史。

术语“创建世界”一词最初来自科幻小说作家，在他们知道他们的角色将成为谁之前，需要创造可信的空间以供他们的角色居住。他们会思考，常常在地图上画出他们想象中世界的地理、生态，以及历史。J.R.R.托尔金（J.R.R.Tolkien）以一丝不苟地创建中土世界的地图、生物以及过去的传说而在业界闻名，即使是最微不足道的生物或地形都考虑到了。当然，创建世界也是一种游戏类型。例如，《模拟城市》（Maxis/EA，1989年-2014年）授权，《文明》（MicroProse，1991年-2014年），和《孢子》（Maxis，2008年）。这些游戏创建的原则，就是我们在这一章要分析的，但是在游戏机制中的规则和限制内，玩家们可以用各种工具来创建他们自己的世界。

提示

电子游戏文档

在更加深入地了解游戏设计的概念和原则之前，非常有必要谈一下的是设计文档。游戏设计文档（有时称为GDD）是一个“动态文本”：文档随着游戏的发展和演变，而发展演变。在定稿之前它可能经历了许多修订。游戏文档的规模取决于制作团队的大小和预算的多少。如果游戏是大型出版商的一个分支项目，就需要非常详细的成本计算、完成期限、市场调研等等。如果它是一个独立小团队的文档，它将更偏向于协调每个人的概念、想法和创作目标，团队中的每一个成员都可以查看这个文档。

一个规范的文档包括：

- 游戏前情概述：游戏简介及游戏运行平台
- 游戏故事 (如果有的话)
- 游戏关卡的概念设计和游戏环境 (情绪板或素描)
- 游戏玩法（游戏机制是什么？游戏规则是什么？）
- 美术：草图、情绪板、气氛图（这个世界看起来是什么样子？）
- 音效和音乐（需要多少？具体角色有特定音效吗？是否每个关卡都要有新的音乐？）
- 用户界面：游戏操作（游戏操作在项目进行途中会做修改，但它有助于了解这款游戏是否具有“常规”的操作方式和界面，或者是否为这类游戏带来一些独特的、不寻常的感受？）

关于游戏设计文案的更多信息详见网站：www.bloomsbury.com/Salmond-Video-Game

游戏、游戏规则和游戏机制

游戏规则和结果以及发展和改变的能力受玩家影响。当你构思一个游戏的时候，构建的世界不需要非常的详细，但你需要明确这是个什么样的世界(外星人？现实的？古怪的？或者黑暗的)，它的规则是什么(有引力吗？其居民友好或危险吗?建筑物有多高？)，以及其行为（天气对玩家有影响吗？这个世界对玩家来说是充满敌意的还是友好的？）。当我们谈论世界构建的时候，我们也会讨论我们希望玩家在这个世界中获得什么样的体验。玩家沉迷于一个游戏和信仰一个游戏是有区别的，还有一种是只有一系列关卡以供玩家通过。当你开始考虑设计一个游戏世界时,要提出的问题包括:

怎样让我的世界比现实世界更有趣?

我创建的世界是集中在一个独特的故事上还是在讲述几个故事?

怎样让玩家沉浸在我创建的世界里?

这些问题给思考游戏世界与玩家的关系提供了视角。这些问题虽然简单,但却多层次的。例如，什么让你的世界具有一种慢慢地灌输给玩家奇妙的体验或者一种力量感？如果有多个故事要讲，它们要如何传达给某个玩家或多个玩家？你会使用非玩家角色对话、游戏音频或美术素材吗？玩家如何内化游戏世界对设计者来说很重要。这包括玩家对游戏机制的理解和对游戏世界的“感觉”，以及对它的审美和本能反应。这三个简单的问题，一旦你开始把它们拆开（严加批评），就可形成创建一个游戏世界的基础。

游戏世界设计的构成模块

当你开始回答这些问题并构建游戏的形式元素时，世界的概念可以变得更加具体化。需要知道的是，这些正规的游戏可玩性元素不但适用于电子游戏而且也适用于其他游戏结构。这些构成模块可以很容易地应用到《使命召唤》中，就像运用到足球比赛或橄榄球比赛中。从本质上讲，游戏世界是一个系统，一个系统通过很多的部分来使它运作。这些正式的元素和构成模块，我更愿意称之为是“对于深入理解”游戏世界或游戏系统的一个助理力。

游戏设计的基石有:

- 游戏领域
- 游戏机制
- 游戏规则
- 游戏成果
- 游戏目标
- 玩家资源与冲突

游戏领域

游戏领域即是指进行游戏的空间，在为游戏设计空间时有以下几个考虑因素：

- 游戏领域在游戏世界的机制和规则范围内运行，必须保持一致。
- 玩家与游戏世界之间的界面设计也是游戏领域的一个方面（玩家如何浏览游戏世界，以及世界如何给玩家或玩家们反馈？）。
- 游戏领域也可以被认为是游戏的界限、任务和结果。
- 游戏领域是由它所在的媒体明确的。游戏世界可以无限生成或不断变化，但规则和机制必须保持一致。
- 游戏领域可以约束和引导玩家走向一个目标（这是关卡设计的一部分）。

2.2

科幻小说和幻想的游戏，如《质量效应3》（Bio-Ware，2012年），虽不必依赖于现实世界的物理学存在，但一个外星球的环境还是需要一定的力学和物理学基础。

提示

魔法圈

另一个游戏领域里经常被引用的术语是魔法圈。游戏学者约翰·赫伊津哈（Tohan Huizinga）将进行游戏的空间称为“魔法圈”，在某种程度上类似于游戏领域的定义。他把它与周围环境区分开来，作为一个临时空间。这是一个有特殊规则的空间，在具有了特定的文化后才建立起来的。简单地说，一个魔法圈可以是任何事物：一个舞台或者一个网球场，一个虚拟的星球或卡牌桌面。重要的是，参与者把这个空间理解为一个集合，一个只有游戏规则应用的地方。因此，观众只能站在看台上，而不能走在足球场上，观众也不会站起来在舞台上漫步，等等。

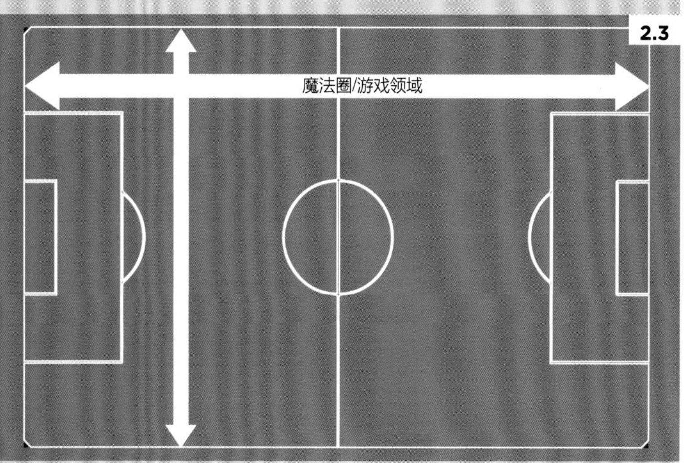

2.3

足球场是一种形式的“圣地”，是活动进行的地方，它除了进行比赛之外似乎是毫无意义的。它是一个存在于普通世界里的游戏世界。球员会被邀请到“魔法圈”里来玩游戏。

2.4

这是《使命召唤：黑色行动2》里的一个关卡。它是一个在同一个物理领域中的游戏领域或魔法圈。里面不仅有限制玩家逃脱的界限，还有适用于这一空间的游戏规则和机制。

游戏机制

第二个构成模块是游戏机制。电子游戏的机制不是指游戏中的“螺母和螺栓”，也不单指游戏程序和美术素材。游戏机制是指游戏本身，它怎么玩，以及玩家如何与游戏互动。游戏机制说明了游戏玩法、环境和游戏世界的物理。它们决定了玩家什么可以做，什么不能做，以及他们如何在游戏空间内互动。游戏机制使游戏可玩，但它与游戏玩法不一样。有些地方的规则和机制一些玩家可能永远都不会看到或经历，但对另一些人来说它们存在着。游戏机制更偏向工程学的角度：枪如何开火，如何破坏，以及世界如何运转和对这个行动作出反应。游戏玩法是一个设计想法，它涵盖了玩家在游戏机制下的体验。

游戏规则

在电子游戏中，规则规定了所有可玩空间的潜在可能性，并且明确和限制了大量可能的行动。规则限制行动；即使在开放世界的“沙盒”游戏中，也可能有非玩家角色不能被伤害的规则或者无法进入的空间。所有的规则都在某种程度上限制了玩家在游戏中的行动。

因此，规则必须是明确、清晰和一致的。得分更多的目标或对抗总是会胜利，游戏规则明确地表达了结果条件。在足球比赛中，规则是把球踢进球门就赢得胜利。更明确的规则是，球员必须要把更多的球踢进对手的球门来赢得胜利。否则，球员可以把球踢进任意球门来赢得比赛。

规则可以很快变复杂，规则体系中任何的含糊都对玩家不好。如果一个医疗包一次恢复10%的血，然后下一次恢复80%的血，这一结果将让玩家混乱，因为它似乎太随机了。如果有一个明显的一贯的可视特性——比如游戏《死亡空间》（Visceral Games，2008年）中的小型和大型医疗包——玩家很容易了解游戏的玩法，他或她可以依据游戏规则预期并计划着玩的游戏。游戏的规则必须是固定不变的，即使在玩一款类似《Monopoly》的图版游戏，遇到“众议院规则”时，在游戏过程中它们始终保持一致。游戏绝不可以在写入中改变规则和结果，以免给人以“欺骗玩家”的印象（例如，当玩家知道他们必须射击黄色的“伤害”来打败Boss级怪物，如果这个规则没有明显的原因突然间改变的话，他们会感到受挫）。

电子游戏规则分类

规则在游戏中是一致的，但它们不必在很多游戏中都一样。电子游戏是一个互动的媒介，并且很复杂，所以它们可能需要非常复杂和微妙的规则。游戏机制和规则加强了游戏的可玩性，让玩家去体验、实验和探索。规则可能只适用于一个特定的游戏，可以和其他游戏完全不同，即使在同一游戏类型中（例如，不是在所有FPS游戏中，玩家从高处落下都会死）。因此，在大多数的电子游戏中，有三种主要的规则类型：

对象和概念

这些规则都是作用于游戏世界中的元素和对象的。概念作为规则是游戏固有的，通常这些概念规则成为新游戏类型规则集的原型。例如，超级马里奥兄弟（任天堂，1985年）的规则是，如果玩家碰撞到盒子会喷出漂浮硬币，采集的时候，会打开其他关卡或产生高的分数。这个概念规则已经成为许多其他基于平台游戏的标准。事实上，游戏中对象的概念和规则是定义该类型的一个重大的部分，它们可以建立玩家对游戏可玩性的期望。

同样的，对象和概念规则明确了FPS的游戏类型：你射击敌人；达到一定量的伤害，他们就死亡了；而玩家的角色也一样。这个规则集自第一款FPS游戏创作之后就没有变化，如《德军司令部》（Wolfenstein 3D，ID软件，1992年）和《毁灭战士》（Doom，ID软件，1993年）。

2.5

《战争机器2》（Epic Games，2008年）对武器的效果（伤害）设置了限制性行动。不同强度的武器，它们对敌人的影响约束着玩家，这也是游戏平衡的一部分。另一个限制性的行动是在进入下一个关卡之前，玩家必须清除一个区域的敌人。

限制行为

限制玩家在游戏中能做的事涉及各种各样的理由，可以在设计过程中计划并控制。设计游戏时，你可以决定阻止玩家进入一个房间，因为构建房间内部太昂贵了，或者设计一套练级系统，意味着玩家不达到某个等级就不能打败某个Boss级怪物。这些都是限制行动的例子。所有形式的游戏都有限制行为。回合制策略（TBS）游戏模式规定的游戏内战斗像国际象棋。每个玩家都要等待一个“轮回”才可以部署部队/游戏对象，这是游戏规则，也是一种限制行为。限定游戏领域也可以是一个限制性的规则，例如，只有当所有的敌人被打败了，一个新的地区才会打开（《战争机器》，Epic Games，2006年。《神秘海域》，顽皮狗工作室，2007年等）。设计一个游戏世界时，不要只考虑玩家可以做什么，也要考虑他们不能做什么，这一点很重要。

2.6

《生化危机5》（Capcom，2009年），如果你的合作伙伴死了，你就无法继续游戏。双方玩家为保持他们的生命而压力陡增，也鼓励更好的那个玩家保护不太熟练的玩家。

分模式的作用

游戏可以有条件适用规则，这取决于游戏的情况。从一开始就设计了一个游戏的规则设置，但游戏似乎是根据玩家的行动来做出“判定”的。例如，在一个联机合作的游戏里，如果一个玩家死了，其他的还可以继续打并通关，但如果两个都死了，那么游戏将重置关卡。然而，在同一个游戏单机版里，死亡状态会重置游戏，AI控制的角色不会继续。这些都是分模式的规则，它们可以适用于一致的方式来使游戏玩法多样化。分模式的规则也可以作为给玩家的奖励或者让玩家回到游戏正轨内。在《刺猬索尼克》（日本世嘉公司，1991年）游戏里，收集指环是游戏玩法的一个组成部分，而不是在一个玩家犯错时让他或她进入死亡的状态，这可能会使玩家灰心，作为替代，索尼克将失去他收集的指环。如果玩家犯错次数太多，索尼克会“死”，然后关卡重置，但这种情况只在玩家已经失去了所有的指环之后。类似这种分模式的作用能够增加游戏的张力和玄妙之处。

提示

解释规则

与现实世界的游戏不同的是，电子游戏没有“对少数人适用的规则”或规则的磋商，因此虚拟空间必须向玩家传达公平性和响应性。游戏规则体系越复杂，设计师要向玩家解释规则的地方就越多。这不能是枯燥的，或干扰玩家真实体验的。（我们将在第十章中看到教程）直观和合理的规则使得玩家会选择对游戏的结果有意义的选项，并且它们可以随着时间的推移被实现。例如，一个玩家可能在教学关卡中受重伤但没有死，但当他们死在“实际”的游戏中并不让人吃惊，因为他们明白教学关卡和实际关卡之间的差异，并见证了那套规则的后果（被击中的次数太多了=死亡状态）。只要核心规则（如它所需要的创建一个失败的状态）被很快地理解了，规则可以随着时间的推移慢慢教给玩家。涉及战斗的游戏模拟了真实世界的状态，可以作为一个捷径，但细微差别可以改变（例如，角色可以承受多少伤害才死亡）。

游戏成果

成果可能是简单的“比其他玩家得更多分”或更复杂的挑战，玩家可以有一个最终目标（如拯救世界），但要达到这个目标他们必须完成无数的小目标。成果是指导玩家完成目标的东西。玩家知道通过做X，他们将能够推进到Y（部分原因是由于在其他游戏的经验，而且通过教程加强一些众所周知的规则，关于这些详见第八章）。射击更多的外星人得到较高的评分结果（《太空侵略者》，日本Taito公司，1978年）或通过调查一个房子里的物体和笔记知道了一个令人满意的、完整的故事（《到家》，Fulbright 工作室，2013年）。与游戏目标不同（见下文），游戏成果并不总是给玩家明确的定义。事实上，不确定的成果比硬性的定义能更好地保持玩家的关注。如果游戏中具有很强的叙事成分，每一个对话的结果或每一个决定都会导致同样的游戏目标，玩家将对这种关系感到沮丧。如果这些结果是出乎意料的，或者是引起了玩家的好奇心，玩家就变得更加专注了。

游戏成果和目标是不一样的。游戏中的目标必须从一开始就向玩家明确（继续进行探索，获得更多的积分，逃出地牢），即使玩家不知道最终结果是什么(如拯救宇宙或获得最高的分数）。游戏的成果并不总是输赢或有限的叙述。模拟经营类游戏（《模拟城市》，Maxis infogames，1989年；《微软模拟飞行》，王牌工作室，1982年）更注重沙盒玩法和实验，这样积极的结果是形成了更多的玩家，他们打从心里享受尝试或学习新技能。“严肃游戏”（一种电子游戏，大多用于政治、教育，或由非营利性的组织传播知识）可能具有对某个有价值的项目提供知名度的结果，如《救救达佛》（Darfur is Dying，由苏珊娜·鲁伊斯监制，2006年），这是一款为了提高该国的难民形势的公众认识度而创作的游戏。这些游戏的成果不像高分或成就点数那样可计量，但每一个设计都有在头脑里形成成果。

2.7

成果并不总是与成就或杀死敌人的数量联系在一起。成果可以基于叙事进程（如在《到家》中没有画外音或其他角色的地方填充过去的故事），为玩家提供策略和意想不到的惊喜。

2.8

电子游戏设计师还混合加入游戏目标，以避免游戏可玩性停滞。比如赛车游戏《竞速飞驰5》（Turn 10 Studios公司，2014年）还包含了一个“躲避警察”的玩法机制。

2.7

2.8

游戏目标

游戏目标明确了玩家在游戏规则中所要做的，它不仅设置了挑战，而且奠定了游戏的基调。例如，在一个塔防游戏中，游戏目标可能是捕捉或摧毁一个对手的力量单位。或者游戏目标可能是比你的对手更快地拼写出更多的单词。游戏目标通常是互相融合的，允许一个游戏来迎合多种受众的口味。许多游戏将目标与它们的类型（风格）相融合，让游戏更深入，并提供更好的体验。这里有七种常见的目标形式，它们不是一成不变的。它们可以通过混合和融合来创造更多引人入胜的游戏。例如，一个即时战略游戏（RTS）可能混合征服其他土地或国家的目标（领土，剥夺），并加入建筑机制，玩家可以建造新的建筑物或工事（建筑也可能包含囤积/收集）。

更多常见形式的游戏目标见图2.9。

2.9

最常见的游戏目标可见于所有游戏类型（游戏中可能包含领土、收集和建设），并经常是某个游戏类型的基本原理（赛车游戏，“上帝模拟游戏”，解密游戏）。

2.9

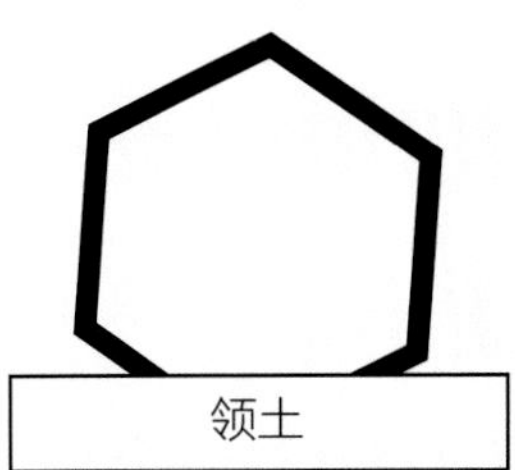

玩家可能被要求完全缴获/销毁所有其他玩家或游戏资源，但也能够通过控制足够的游戏空间来赢得游戏。

这是一个奖励系统/目标，可能不会直接影响游戏进度。收集可以在游戏中形成一种心理上的“赢”，提升玩家在游戏中的积极的可玩情绪。

这类游戏完全地致力于解谜。或指那些包括解谜元素的游戏，目的是加强游戏可玩性，或是用来延缓游戏速度。

剥夺他人的分数。这种目标可能是接管另一个阵营的要塞或者禁足某个角色，使他们不能玩游戏。

赛车/追逐赛车游戏，但这也包括游戏玩法中包含角色是跑向某处或从某处跑出来等元素的游戏。

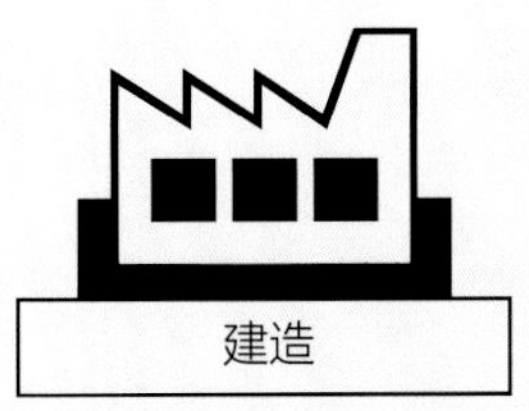

目标是发展资源达到或超过某一点。

在游戏里组队或布阵来完成一个关卡或任务。

玩家资源与冲突

管理资源和决定如何且何时提供给玩家是设计过程中的重要部分。资源也包括本章的其他方面：他们是限制性的（例如，玩家有多少生命值？）他们可能要达成的目标（例如，玩家必须获得更多木材来建造更大的船）。他们可能与结果相关（例如，玩家是否有在游戏世界中探索和试验的必需资源？）。资源不平衡可能让游戏太容易或非常困难。例如，如果你在一个射击游戏中放置太多的医疗包，玩家不能感觉到危险或挑战；太少的话游戏体验又会让玩家恼火。资源以多种形式出现，是游戏规则、机制和美术的一部分。资源可以使游戏更具挑战性，甚至成为一个大型游戏内的迷你游戏。限制资源和奖励资源是游戏中常见的方法，让它们对玩家更具吸引力。举一个例子，在游戏中使用的货币。在育碧蒙特利尔工作室的《刺客信条4:黑旗》（2014年）中，玩家作为一个海盗一开始没有很多钱（资源）。玩家拥有的船舶虽可以航海但不是很大，只能够打败最低水平的敌人。通过完成海陆任务和洗劫其他船只，玩家可以升级船只。世界地图上显示了其他有限的资源，如建筑材料，鼓励玩家探索和深入游戏。

提示

冲突（资源）

有限的资源可以为游戏中的冲突奠定基础：玩家在与对手的竞争中生存和茁壮成长，例如，《僵尸末日》（波西米亚互动工作室，2013年）或《饥荒》（Klie Entertainment，2013年）。冲突不必像格斗游戏或战斗的射击游戏里那么明显。玩家们内心产生矛盾，基于道德或伦理决定他们不得不在游戏中要做的事。你把有限的资源给饥饿的家庭还是留给你自己？你会帮助一个幸存者还是杀死他并洗劫他的尸体？

2.10

动作游戏和角色扮演游戏可能在背包系统建立限制资源的设定。《生化危机4》（Capcom，2005年），主角（里昂）的背包中箱位是有限的，它鼓励玩家战略性地思考购买或携带什么资源。

一个设计师必须平衡资源，因为如果他们不适用，会让游戏感觉很刻板。在游戏《最终幻想XII》（Square Enix，2006年），玩家可以交易打败怪物掉落的物品，获得的符咒和钱让他们可以解开游戏中其他领域，以及获得额外的物品。不幸的是，它变得非常容易“愚弄”的系统，当玩家知道了打败什么怪物会掉落好的战利品，就开始反复击败它们并售卖这些物品。一旦获得的金钱和所谓的稀缺物品变得简单，游戏中的一大部分就开始让人感到毫无意义（虽然玩家是否这么做全凭自觉）。当你设计游戏时，要仔细考虑资源，因为它们有很多形式。设计师的一个重要工作是决定哪些资源应该是稀缺的，以便于提升玩家的参与程度；哪些资源应该是唾手可得的，让玩家不觉得游戏太令人灰心。

资源可以有多种形式，除了道具，经验和金钱之外：

- **有限的生命**：三条命是传统街机游戏的典型特征。
- **单位**：在游戏开始时你可以用系统默认的金额和奖励来赢得更多。
- **健康**：医疗包或拾取物常常是一种有限的资源（这可以增加紧张程度）。
- **能力提升道具**：玩家奖励包括更强大的枪、特殊设备或招式。这些可以是永久性的，或者是由一种稀缺的资源制造的，使它们有很好的使用时间或时间依存性。
- **时间**：玩家必须在多少分钟或多少秒内通过一个关卡解开一个谜题（创造一种紧迫感）。
- **背包/负重系统**：一个玩家可以携带多少物品？一个玩家能承受多少重量？（玩家也可以通过赢取奖励来获得更多的背包箱位或被允许携带更多的道具。）

资源可以在一个游戏中创造细致入微的深度，可以让玩家进行更深入的体验。平衡资源——无论它们是食物、金钱、经验点还是武器，对于创造一个坚实的游戏至关重要。要考虑资源的类型，以及它们在游戏中如何被管理，以推动玩家体验。

案例研究：《肯塔基0号路》，艺术与互动的叙事

Cardboard Computer 是一个位于芝加哥的三人游戏开发工作室，成员有杰克·埃利奥特（设计师）、托马斯·科蒙兹（设计师）和本·巴比特（声音设计）。在2013年1月，他们发布了五幕电子游戏中的第一幕，第二幕在2013年5月发布。

肯塔基世界的基调和审美

“《肯塔基0号路》来自我们在一次艺术展览中与另一位芝加哥艺术家乔恩·凯茨（Jon Cates）的合作。我们建立了一个实验冒险文本，关于《巨洞探险》（1976）的设计师威尔·克劳瑟，并称之为“Sidequest”。在我们展示了这项工作之后，我们仍然对这个概念感兴趣，并开始尝试探索一些不同的游戏想法，最终又回到了肯塔基庞大的洞穴（也是《巨洞探险》之地）。我们反复地思考，并尝试了几年，直到它形成了一个缓慢的节奏和戏剧点的点击冒险游戏。”

“我们最早的工作过程的一部分是做一连串的写作和创造一种‘音乐’预告片。（你能在以下网站看这部预告片：www.Bloomsbury.com/Salmond-Video-Game）这部预告片定下了基调，但预告片与游戏审美不同，我们最终创造了很多游戏方法。美术的趋向更加有棱角、几何化，不过我们反复尝试，最终形成的美术风格，能反馈游戏的设计。例如，我们发现在屏幕上的角色通常是足够小到，不能表现他们脸上的细节。那么，为什么还要表现角色的脸呢？现在流行的美术方向是更灵活、独特的，所以我们很高兴能摆脱我们原本打算用在游戏里的现实主义画风。”

2.11

早期动画测试和人物设计。随着游戏的发展，杰克和托马斯推动镜头和玩家视角远离，因此现实的人物细节没有了。他们反而找到了一个更为简化和抽象的审美风格。

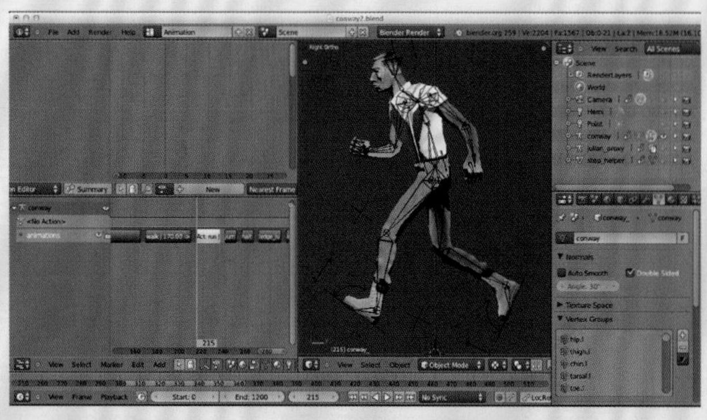

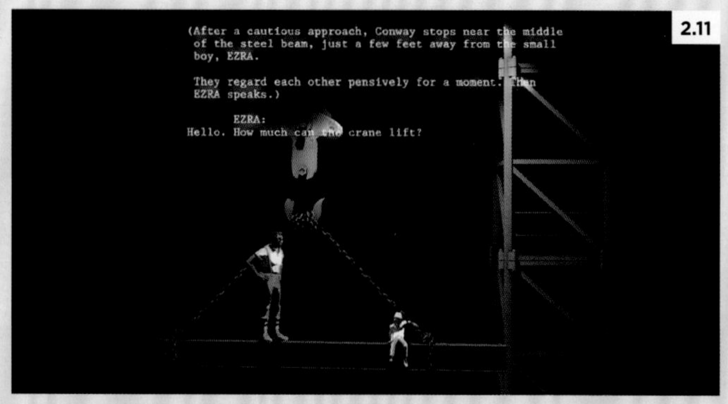

生产创造改变

“最开始游戏是平台游戏，非常重视对话表现。在我们项目建立的初期阶段，我们引入了鼠标控制。忽然之间，游戏环境变得更小更戏剧化，通过不断调整，它开始看起来更像一个类似LucasArts公司或Doublefine公司游戏风格的经典点击冒险游戏。对于《肯塔基0号路》来说，这是游戏演变发展的一部分，学习如何使用我们所拥有的工具。这过程中有一个问题，玩家带着期望来玩这种风格的游戏，并且来寻找详细谜题或一种特定的风格或幽默，但是《肯塔基0号路》并没有这些。此时此刻（2014年3月），我们已经发布了两幕，第三幕也即将到来。第一幕是制定的最小的版图，我们完成了我们想要的游戏机制和安装包。所以我们明确地知道了关于具体如何制作《肯塔基0号路》，就像我们以前做的一样。”

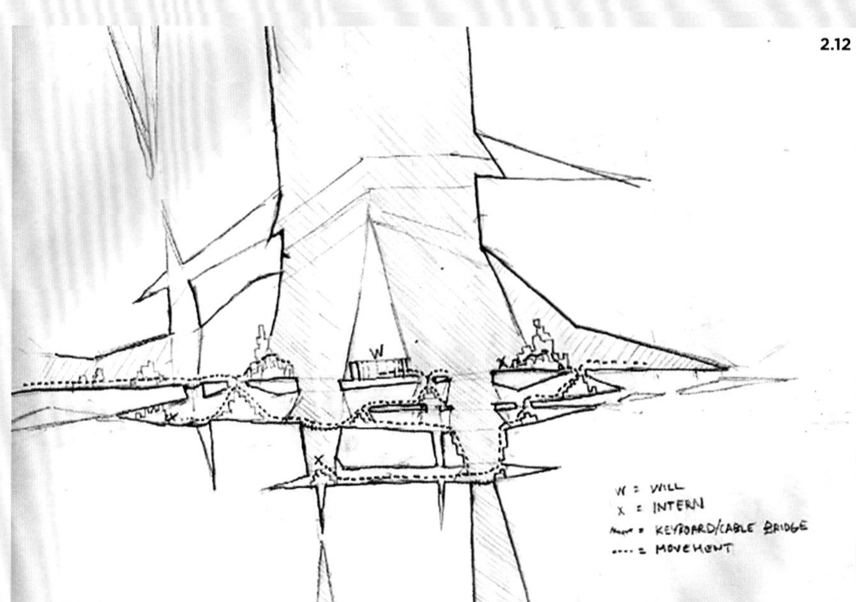

2.12

早期的制作草图给了艺术家预期比例和规模的概念。下面的图像是在团队转变到最后的美术风格之前，早期的制作过程中的一组图像。

工作流

“我们是新媒体艺术家，没有任何专业游戏开发的背景，所以我们的工作流程都是自己摸索着去做的。这一灵活性让我们能够编写一堆Blender和Unity脚本以创建一个工作流程，这非常关键。Ableton恰好是杰克所熟悉的声音设计软件，来自一个实验音乐的实践。现在我们与音效设计师、作曲家本·巴比特一起工作，他大多使用Logic专业录音室软件和音乐设备。我们不得不做大量的定制工作，我们不使用任何Unity的默认着色器。例如，我们的很多过程是在响应Untiy的杂项中演变而来的，因为我们从一开始就使用它。我们的工作流程是非常流畅的，我们从来没有在大型开发公司工作过，但许多像我们这样的独立工作室，制作原型或者用游戏集会作为一种起草的方式。草图是很重要的！”（Game Jams很小，通常是地方聚会，开发者可以走到一起，与他人合作，讨论游戏，或展示他们的工作进度。）

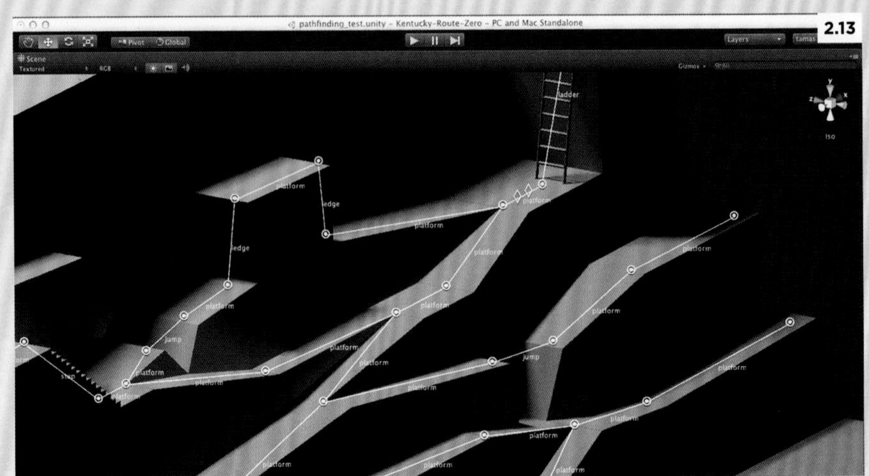

2.13

学习Unity是工作流程和生产过程的一部分。此图像显示了最新的游戏角色的探险路线（标明了哪里是游戏机制限定的角色可以进入并与之互动的区域，或早已设定好的播放动画的地方）。

“随着项目的扩大，我们需要一个音效设计师，所以我们邀请了本·巴比特加入，随着时间的推移，他已经在开发中发挥着更积极的作用。我们仍然在探索和试验工作流，但有些事情是不变的：

- 我们使用github.com源码库，共享项目。
- 托马斯做美术（场景、人物、动画）和设计，以及编写角色和屏幕内的镜头运动。
- 杰克负责剧本写作和会话编程。

角色的设定很流畅，在很多方面我们可以在需要时进行切换。例如，当在场景中设置交互角色、道具和事件时，在适当的时间切换场景。这样视情况而定选择一个或另一个。我们现在已经有很多的代码和结构在游戏里，但是仍然试图寻找方法来实验和提出并解决新的问题。”

2.14

游戏最终的美术风格脱胎于反复试验和最初的Kickstarter预告片基调。由于场景在游戏中成为一个核心的“角色”，所以人物被简化，以适应抽象、简约的画面风格。

本章小结

在创造一个游戏世界时，你有非常多的选择，它们可能会淹没你。有一种方法可以缩小工作量，即从事于一个被许可使用的版权（如基于电影的跨媒体制作或来源于图书的游戏）而不是从零开始创造一个世界。如果你正在从事于被许可使用的版权（IP），你的世界将会被限制在其他人创造的角色、规则和世界上。这可能对你开始征程有帮助，因为它允许你建立一个可行的游戏，而不是从头开始做所有事。这可能是限制性的，因为这个版权方可能想要开发者提供大量的投入。

如果游戏完全是你自己的，开端可能是一个艰巨的任务。许多乐队开始唱歌的时候，唱的是大众熟识的歌，这样他们就可以一起学会演奏，并且在开始原创之前，使用其他人的作品是一个很好的聚焦点。设计游戏也是一样的。有很多的神话、小说和故事，可以创造出一个新的游戏，但每个神话存在于它自己的宇宙和世界。一旦你开始构建这个世界，你就必须把这个空间的物理属性、规则和机制落实到位。它们必须是一致的，并且它们必须在你为玩家创造的世界范围内有意义。

讨论要点

1. 解构你最近玩过的电子游戏的游戏世界。如何从整体审美体验和游戏体验来分析？你如何明确这个世界和其他游戏世界的不同？

2. 继续分析你最近玩的电子游戏：游戏世界的游戏机制是如何告知玩家玩法的？哪些元素是一致的，哪些元素破坏了一致性？（这可能和影片剪辑让玩家出戏一样简单。）

3. 使用一个古老的街机风格的游戏，明确这个游戏的规则设置。当游戏玩法体验增加时，它们如何变得更加复杂？（有很多开源和授权版本的街机游戏，例如《太空入侵者》，由Taito株式会社制作，和《乒乓球》，由Atari公司出品。）

第一部分
文化、玩与游戏

第三章：
电子游戏分析

本章目标：

- 开始像游戏设计师那样思考
- 学习解构游戏并制作新的游戏
- 认识到你作为设计师所带来的偏见

3.1

《到家》，框架网格由富布赖特（Fullbright）公司开发（2013年）。

像游戏设计师那样思考

在本章的第一部分，我们将开始对屏幕另一边的玩家进行研究：游戏设计师的思维定式和技能。新的游戏设计师通常会从这个问题开始，“我怎样做一个游戏？”。而一个更有效率的问题可能是：“我该如何提升一款游戏？”。甚至更好，“我怎么能把这变成一个游戏？”。这些问题有助于我们把看似不可能的任务转变成一个可以实现创造出独特的，并且具有新走向的成果。

在所有的设计中，定义问题是产品前进的关键。例如，在最后一章中的案例研究（《肯塔基0号路》），纸板电脑开发商的构想是基于20世纪80年代他们爱上游戏的初始阶段是对“点击”旧版本的更新，这个概念是跳跃的起点，通过迭代设计过程（制作许多版本，每一步都在改进），这个想法演变成一个比简单游戏更为复杂的游戏。

当你在设计电子游戏时，你不得不停止玩游戏，然后开始分析它们。你必须找出你喜欢的游戏、你不喜欢的游戏，以及游戏设计师想传达给你的是什么。设计师不再玩游戏，是因为他们必须客观地回到娱乐层面去看游戏性和系统共同创造的电子游戏。分析一个游戏是很重要的，如果不知道现有的游戏是什么，怎么来做一个游戏呢？大多数人都有一个游戏的“好构思”，但构思并不是游戏，直到他们坐下来认真思考游戏的几分钟或几小时如何进行，使艰巨的任务变得更加清晰。本章将让你跨过这道障碍，帮助你更好的理解和解构游戏。

简单的胜利

当开始成为一个电子游戏设计师时，专注于基础是有用的。作为一个设计师重新设计（或“改装”）现有的游戏，包括新的玩法或合并游戏类型是检查规则、游戏的几个简单的方法。在我的课程中，我给学生们布置了一个简单的任务：从你的童年游戏中提高或改变一个游戏。可以是井字棋、刽子手或滑道和梯子的游戏。每次我这样做，我会得到不同的结果：一组是加入滑道和梯子的饮酒游戏（你喝的时候你从斜道上滑落），另一组是十字架刽子手的电影小游戏。一些团体容纳了新的规则，使玩家能够阻碍其他玩家的进步，而另一些人则希望使游戏更具合作性，甚至是游戏领域。真正重要的是，每一组学生都在课堂上发挥自己修改游戏版本的能力，这使得每个人都很投入，游戏测试很快就揭示了学生们在哪一部分并没有彻底地思考。

这些基本的简单小游戏练习，可以帮助设计人员检查规则、互动和游戏机制，然后创造新的可能性。如刽子手之类的简单游戏是非常容易的，但电子游戏要复杂得多。游戏的“乐趣”和经验是主观的，但游戏设计师必须能够看到过去，并分析游戏的组成部分以确保如何开始自己的游戏。

理解偏好

游戏设计师也是玩家，有自己喜欢的游戏类型和风格，这些都是他们最有可能想要创造的。然而，当作为一个设计师来玩游戏时，重要的是去玩一些在你经验之外的、并不熟悉的游戏类型。如果你想做一个角色扮演游戏（RPG），从你的游戏设计研究中你是否会排除动作或运动。体育游戏有一个非常有趣的方法去处理玩家的统计数据，并转换成一个字符技能树。就像NFL橄榄球游戏玩家的躲避机制可以很好地转换成一个僵尸游戏中玩家躲避敌人的角色。例如，我的一些学生已经从两个不同的卡牌游戏中提取其成功要素，如从《游戏龙与地下城》创建一个RPG的轮廓，结合三者的角色扮演元素，然后混合。当你审视和解构更多的游戏风格，你就越有可能找到灵感并开始创造新的、有趣的游戏。

3.2

研究各种类型的游戏机制都有价值。你永远不知道游戏会告诉你什么，例如，一个坚实的躲避机制可以从足球游戏中很好地转移到一个隐形游戏。《麦登橄榄球25》，由EA Tiburon开发（2013年）。

解决偏好

只玩熟悉的游戏，可能会导致一个设计师甚至不知道该如何分析游戏的陷阱。注意游戏中的缺点是很自然的——哪里有不好的路径或“愚蠢的”人工智能。一旦开始解构一个游戏之前先加载屏幕，这被被称为“寻址偏置”。偏好显示了年轻设计师如何为自己的年龄组设计，并发现它是很难为老年人创建的项目，反之亦然。这些都是偏好，设计师已经意识到先解构过去的游戏，然后再去设计另一个。

任何项目都很难避免偏好。事实上，你在学习如何第一次玩游戏。在分析一个游戏时，你需要通过问自己问题来检查游戏的各个方面，如：游戏的控制系统如何工作？最初的界面屏幕有多大尺寸？它们是简单易用还是混乱复杂？一个新的玩家如何理解怎样从一个负载屏幕进入游戏世界（如果没有“按一个开始”指令）？游戏中如何引导玩家进入体验，并将其转化为逐步进入游戏机制和前提？这是电子游戏分析的第一步：从“特定”或“惯例”的约定中获取过去的一切，并意识到在游戏中加入任何障碍可能会使新玩家体验到游戏的整体体验。

3.3

3.3

开发人员不能假设每个人都知道如何使用这些。虽然很多人都熟悉，一个从未使用过的玩家拿起游戏机控制器，或一个玩家更多的是用键盘和鼠标来控制，必须要教导按钮与互动之间的联系。

认识偏好

避免偏好不仅是让你超越自己喜欢的游戏风格设计，还要注意任何对某些游戏规则的偏见。例如，有的人玩的主要方式是在电脑上用鼠标和键盘；另外一些人则更喜欢游戏机或Xbox控制器。这里的偏差是，当使用一个特定的控制台的控制器玩游戏时，按钮会被映射到一个特定的方式。

在Xbox控制台，有两个触发器：左和右。在第一人称射击游戏中的约定是，左提出一个目标（也被称为“瞄准器”）或瞄准动画和正确的射击。A或X是“行动”按钮，它们能打开门和箱子，能够谈话和在不同层次的环境进行互动。一旦玩家采取了这些约定，他们就变得习惯，玩家对于有难度的挑战感到失望。这些都是学术性的偏见。设计师和玩家们都有，这并不是缺点，但是，设计师必须认识和考虑到有多少玩家是想当然的，这就需要明确经验丰富的玩家和消极的新玩家。

一个设计师必须透过经验看游戏。电子游戏的教程和我们必须学习驾驶课程以获得许可证是同样的原因。它们让我们舒服地控制和使用常规的技术（我们将在第十章的游戏教程中讨论）。

3.4

每天开车的人必须要学会如何驾驶一个模拟系统。作为一个设计师，你必须测试和重复实验如何直观的控制和创建一个简单的教程，方便玩家进入游戏，如《极限竞速3》，由10工作室开发（2009年）。你不能假设只有驾驶游戏爱好者会想玩你的游戏（从而限制自己只为那些人设计）。

开始分析游戏过程

部分的理解偏差和电子游戏规则是在潜入游戏之前检查游戏菜单中的按钮分配。这似乎并不明显，但它提供了深入了解游戏创作者的整体设计策略。在一个精心设计的电子游戏中，最重要的动作被映射到最经常使用的按钮。二级和三级的行动是被更有野心的玩家发现的，可能永远不会被大多数玩家使用。进入菜单和选项，让玩家控制游戏中的游戏，并提供洞察到更深层次的游戏中所想象的团队。开发者们知道，大多数玩家将永远看不到第一级的“如何玩这个游戏”菜单或教程，但更深层的菜单系统存在那些想要寻找更多地参与体验或想要特有玩法的玩家中。不是所有的游戏都有这些更深的层次，一个值得玩各种游戏的原因是获得更深层次的控制和自定义按钮是适当有用的（当它们成为玩家游戏的阻碍）。

例如，在游戏《沉睡狗》中（统一战线游戏，2012年），由于玩家完成任务，他们获得更复杂的作战能力。这些能力被映射到同步按钮与组合当中，游戏可以得到相当复杂的组合。设计师们知道很多玩家都不想学习更复杂的模式，所以他们仍然可以通过一个或两个很好的时机进行基本攻击的游戏。如果你想要获得，深度的“沉睡狗”就在那里，但它不是拥有一个愉快的体验所必需的。

将偏好告知技术人员

许多人对于游戏不同的认知偏见，这些可以告知游戏设计人员。电子游戏设计师（以及其他形式的娱乐创造者）使用认知偏见来增加玩家对游戏的沉浸感和参与感。有一些普遍知识或者大多数玩家认为能够让设计者在游戏世界设计中走捷径。这里有几点主要的偏见：

启动：魔术师和广告从业者都用。当一个游戏提出一个想法、行动，或结果反复，玩家更有可能遵循建议模式或指令。例如，当一个精神论者试图把一个想法变成一个对象的头部，她可以用这个词循环一遍又一遍。有很好的机会将会思考“三轮车”这个词的。启动可用于解谜游戏设计：给玩家几个散落在整个水平的符号素数，玩家对齐组合锁定那些相同的符号而无须出示详尽的说明。因为启动玩家在这么做时会感觉“自然”。

实用性：这就是为什么虽然中奖的概率是非常低的，但人们依然会去买彩票。人们倾向于以难忘事件为基础高估概率。彩票组织者宣传的是少数获奖者，而不是未中奖的人，因此，获胜模式变成大多数“有效”。设计师将借鉴什么是最有效的玩家。

记忆作为一种相互作用的方法。例如，当玩家需要打开一个箱子，并已经使用撬棍猛击敌人，设计师可以预计玩家有可能砸碎打开箱子（即使在现实生活中的人可能会使用撬棍来缓解打开箱子盖）。可用性偏见告诉我们，如果你用枪摧毁了敌人，你也可以砸箱子打开它。

锚定：人们倾向于依靠一种特征或一条信息来“锚点”他们的决定。例如，许多人会将汽车的好坏与费用联系起来。在某些情况下，高费用的汽车一直保养得很好，车的行驶里程也较小，然而大多数人会买低价格的车。这是因为人们往往基于主观基线产生冲突差异。在游戏中与终极怪物打架，设计师倾向于夸大怪物的特点，把它与其他敌人区别开来。怪物看上去很强大凶猛，但玩家将会以固定的方式来进行他们与先前敌人所遇到的挑战。设计师往往使怪物看起来比实际的更强大，一次来消除这种偏见，当玩家击败了这个看似难以置信的强大怪物，会对玩家产生积极影响。

光环效应：我们对某人或某事的总体印象会影响我们如何概括一个人。例如，我们会把更聪明的人和吸引力联系起来。这种偏见与锚定偏差存在联系，我们根据我们的第一印象对人们的看法产生偏见。在游戏中，更好看的项目可能比那些看起来薄弱的做得更好，或是对玩家而言更具吸引力的NPC（非玩家控制角色）比他们实际上看起来似乎更强壮或聪明。光环效应可以在一些游戏颠覆或打乱玩家的期望。

一级最优策略（FOOS）

设计师为玩家制作了一个愿望实现体验，当你意识到自己的偏见和那些设计师们将你吸引到游戏中，游戏分析的下一步是看玩家是如何被介绍游戏玩法的。众所周知注意检查是直接接触一级最优策略使用的一种方法（FOOS）。这一词是由游戏设计师、教育家詹姆斯·波特诺发明的。FOOS是指具有低技能但有高水平积极结果的玩家。换句话说，FOOS是一个让新玩家可以在游戏中轻松采用并使用看似强大的行动、武器或策略并获得积极结果。游戏开发者认识到，作为一个新玩家进入游戏，面对超级敌人或其他更先进的玩家可能是一个负面的体验。FOOS试图平衡这一点，在设计玩家学习系统时，他们为玩家提供了一个游戏简单路线的积极反馈，以完善游戏。

作为一名设计师你需要寻找这些元素，因为一个经验丰富的玩家可能不会注意到它们。有时是值得问一个不玩游戏朋友的第一次感受，以此来观察和分析人的反应和行为。大多数游戏将以某种形式呈现FOOS。但FOOS的类型并不一致。在电子游戏《沉睡狗》中，第一个战斗场景中你会遭遇沉重的打击组合（在屏幕上有提示显示，可按按钮）。这是在整个游戏的大部分中玩家可以用它有效地快速击败敌人的方式。这一战略并不能在更厉害的敌人上使用；他们能逃避或躲避攻击。这鼓励玩家在游戏中停止依靠FOOS，以学习不同的新技术或策略。

3.5

一级最优策略使玩家能够有力强大和熟练的对待新游戏。这使脱离FOOS的玩家深入游戏和挑战变得更加困难。《沉睡狗》，统一战线游戏（2012年）

另一个例子是游戏《蝙蝠侠：阿卡姆起源》（华纳兄弟，蒙特利尔游戏，2013年）。在游戏早期，暴徒和坏人可以被蝙蝠侠的蝙蝠镖击中。这是有用的，因为玩家可以在进入肉搏战之前击晕或绊倒了几个坏人并将其“软化起来”。这是一个明显的FOOS，但它是平衡坏人在躲避蝙蝠镖之后的游戏后期部分。这迫使玩家减少对单一策略战术的依赖，并采取新的方法，使游戏永远不会变得太容易、常规或可预见。这远超过玩家玩游戏的本身，他们会感觉很有力量和成就感；当这些战术不再起作用的时候，他们更愿意尝试，更愿意改变他们的玩法。

3.6a

设计灵活的游戏策略可能会使玩家在游戏过程中变成一个无聊的机械过程。在《蝙蝠侠：阿卡姆起源》中能够以多种方式使用物品可以使玩家制定新的战略。

3.6b

在《使命召唤：现代战争3》（Infinity Ward公司，2011年）中，“nootube”是一个榴弹发射器武器的附件，强大到缺乏经验的玩家能够面对更有能力的玩家足以保持公平竞争的环境。

游戏的一致性

分析电子游戏的下一步是检验游戏玩法的一致性。例如，为什么任天堂64位机的马里奥的跳跃能力（《超级马里奥》64，任天堂，1996年）相对于设计糟糕飞行机械的《超人》（Titus公司，1999年）如此稳定厉害？相比难以理解《地图的寓言3》（Lionhead工作室，2011年）的寻路系统（一个水平导航）比《半条命2》（Valve公司，2004年）好在哪里？检验这些元素往往会带来所谓的系统性中断。系统性中断是该游戏系统未能按预期工作的一部分。

如前所述，游戏是一个系统。正是如此，他们设计系统；他们应该坚持在团队中的参数设计。这甚至包括新兴游戏［意想不到的游戏元素，如《雷神之锤》（Quake）Id Software公司，1993年）中的火箭跳跃，玩家为了进一步履行指导火箭在地面同一时间的跳跃，否则将无法实现］同时攻击（寻找一个错误或系统突破，可以给玩家带来优势）。系统性中断不同之处在于它不会造成整体的负面体验。系统性中断与错误不同，如快速通过墙壁，人物陷入几何，或游戏上一定程度崩溃。（没有任何一个游戏是没有缺陷的）系统性休息似乎是对阵玩家在游戏中目标的一部分。例如，如果一个游戏中玩家通过技能树来获得经验值，那么就意味着它是一个资源很难获得，玩家必须提升等级才能赢得。如果游戏设计太容易给出大量的经验值，就没有真正意义上的技能值和升级，这将是一个系统缺陷。

电子游戏中的一致性也要求永远不要欺骗玩家，游戏必须获得玩家的信任。当解构一款游戏时，寻找自然的方法，这个游戏世界背景才有意义。例如，在游戏中你的角色在快速跑动的时候被守卫侦查到，但不是他们暗杀某人之后是否合理（《刺客信条》，育碧蒙特利尔）或者如果一个可以攀爬的人类角色，在遇到小的障碍如手提箱时是否会阻碍他们前进（《外星人：隔离》，创新大会，2014年）？如果一个游戏元素在游戏世界的规则中不起作用，这将在游戏中与玩家产生距离并从中脱离出来，这可能会使他们对游戏的乐趣产生负面影响。

提示

经验研究

分析游戏是从实验方式、方法中学习游戏，这意味着通过观察或实验获得知识。要做到这一点，你必须学会在玩的同时如何观察一个游戏，这并不容易。作为一个设计师玩游戏意味着要做很多笔记。例如，当玩一个恐怖游戏如《生化危机》时（卡普空公司，1996年）或《死亡空间》（Visceral Games制作组），玩家在开门和暴露之前进入房间时可能会变得谨慎或感到紧张。作为设计师，你必须问自己：“为什么这样吓唬我？”“怎么样把声音放在我边上？”以及“哪些游戏元素会让我担心——他们会怎样实现它？”，追溯你的进步，真实环顾四周那些给你带来特殊情感的关卡设计、灯光、音效和互动。意识到情绪影响游戏是一个游戏如何创建和踱步出来的经验的关键第一步（更多游戏中的情感在第五章）。

3.7a

对于游戏《死亡空间》，玩家必须在所有的时间中感到紧张和恐惧。这种张力是通过关卡设计（黑暗走廊，来源不均匀的光线），以及混合起来敌人可能会或可能不会出现的音频，让玩家一直处于边缘状态。

3.6b

《生化危机》帮助定义了恐怖生存游戏的风格，通过环境氛围产生紧张的效果。这也是典型案例，在玩家出乎意料的时候跳出敌人，对玩家造成巨大的紧张感。

“过山车”作为电子游戏的隐喻

当你作为一个设计师，经验就类似于在坐过山车时分析，关键在于有一个精心设计的过山车可以提升经验，从期望（“提升”到顶点通常是一个缓慢的旅程）到恐惧（在第一个兴奋下降点）。一旦首次下降结束，我们体验到肾上腺素急速上升的“飞行时间”，这让我们觉得好像正走出的安全区，而与此同时过山车曲折得太快让我们无法预测将会发生什么。这里有一个“分段”：在我们更加兴奋之前会有几秒钟暂停的区域。分段是重要的，因为它给我们足够的时间来思考和考虑过去，我们再次出手关闭之前，会让兴奋的刺激体验停留几秒钟。当过山车结束，乘坐的人会感到兴奋、松了一口气、开心、快乐，也许还有点恶心。

3.8

“过山车”作为一个电子游戏的比喻：对许多的游戏来说这是一个有多个运动部件的系统和“场景”的感觉状态。分析无数的经验帮助设计师为自己的设计实践建立一个坚实的知识库。设计师会问：“所有这些人都有积极的经验吗？”“如何基于的乘坐者的行为（尖叫、叫喊、起立）和座位位置改变经验？”这些问题。

这个短暂的停顿造成了一个瞬间的反思并为下一部分的乘坐建立预期。所有这一切都是类似于在一个游戏中预测。作为一个玩家/设计师，你必须预测和结构游戏（我们将在第五章检验更多预测）。游戏中在玩家没有采取行动或者受伤的情况下多久会使用“安全点”，这些领域是如何使用和传达给玩家的？叙事论述如何处理？它是通过NPC、画外音还是场景？作为一个玩家，你多久会被迫脱离游戏中的动作看一段过场动画？即使是很短的游戏，笔记可以得到相当长，但学习和解构游戏，你停下来是为了更好地了解它们的游戏元素。

回到了过山车游戏的隐喻解构，为了知道正确乘坐，设计师不得不多次体验。设计师必须了解每一个细微的经验。例如，当它被重复多次的时候每一次经历是如何不同的？如何认识乘坐者变化的乘坐经历？一个游戏设计师不只是玩一次游戏，他或她必须从每一个可以想象的角度了解游戏。这是怎样的实证研究工作：一是进行“实验”（游戏，坐过山车）和每一次的变量记录，虽然整体的机制是相同的。

3.9

3.9

《质量效应》（BioWare公司，2007年-2012年）是一个分支的叙事游戏，让玩家在游戏中做忠诚国家、打击敌人和影响结果的决策者。玩家将有不同的经历，这取决于他们在游戏中做出的选择。鼓励玩家更深入关注角色间的关系，投入更多感情体验。这些角色的相互作用也有助于更好地在游戏中行动。

詹姆斯·波特诺

Rainmaker Games公司CEO， Games for Good游戏导演

你觉得偏见会影响到缺乏经验的开发者吗?

“我看到太多的新手开发人员构建他们认为他们想做的，而不考虑如何为那些不在他们头脑中的平易近人的人而设计。这是我从经验不足的团队中所看到的最重要的事情之一。”

“对自己诚实是难以置信的，毕竟，没有人比你更容易说谎，但这是游戏设计师最重要的任务之一。你必须像别人一样真正地看待你的工作，就像别人在建造它是按你要求的那样严格。”

如何将游戏开发分解为关键元素?

“我们经常在孤立地创建游戏，认为可以通过玩游戏从而创建游戏，但我们的工作实际上是为了制造经验，并且你必须拥有它们。人们问我是在哪里吸取灵感，这来源于生活，无论是从我们已经生产了超过一千年的书籍中获取，还是让自己真正感受失去爱之后的心碎。这些都可以融入游戏当中。”

“我想说的很重要的是，任何新的游戏开发者都必须意识到：团队规模、团队沟通和产品从研发团队抵达用户的速度，如果你可以在这样小规模、沟通顺畅的团队中进行把控，并以最快速度将你的游戏传递到用户手中进行测试，那么你会干得很漂亮。”

作为一个设计师，玩游戏是理解玩家、开发者和游戏之间关系的一个重要步骤。

“我记得对《荒野大镖客》（Capcom公司，1985年）的分析，这是我们第一次真正有花时间来正确地剖析旧的NES（任天堂娱乐系统）的经典。我们用了大约1小时的时间在前5分钟，并研究了设计师是如何创造了兴趣曲线的。我们想知道是什么让我们继续玩它，它开启了我们对一个新领域的理解，即如何通过巧妙设置敌人和音效设计来创造兴趣曲线。”

3.10

詹姆斯·波特诺可能是由于他在YouTube频道Extra Credits的参与而有名。该频道覆盖了所有与电子游戏有关的方式，甚至有自己的独立出版商。

本章小结

本章探讨的是从一个电子游戏的玩家成为一个真正研究和分析的游戏设计师的过程。虽然设计师可以以自己为原型为他们的观众制作想玩游戏，但这可能会限制，导致这一类型的重复和停滞。在分析游戏的时候，要对游戏开发者的意图进行了解，避免你因游戏玩法而感到沮丧。

要分析游戏机制、美学和你熟悉或陌生的游戏界面，这些可以帮助你洞察游戏究竟是如何真正运作的。有时候作为一个游戏的旁观者，或者是把游戏交给一位完全不熟悉该游戏的玩家，是了解如何将非玩家转变为玩家的有效途径。作为一个游戏开发者，你需要同时理解设计目的、开发流程，以及如何让玩家从生理和心理全面投入到游戏中。有很多方法可以进行游戏分析评论，一旦你从“开发者玩家”角度切入开始审视游戏，你才能搞明白电子游戏玩家能够真正参与到游戏中的动机。

讨论要点

1. 你对熟悉的游戏和陌生的游戏有什么特别的偏见？例如，你玩体育游戏或根本不玩？如果不玩，那为什么呢？检查并列出你的理由，为什么你玩或不玩特定的游戏类型？

2. 哪个游戏的突破常规让你觉得这个游戏更有意思或者让人更崩溃？如果你觉得某个游戏非常糟糕，你会尝试用怎样的解决方案来改变这个游戏，映射控制、界面交互设计还是其他？

3. 哪些游戏会影响你的情绪，怎样影响？这可能是一场令你害怕的游戏或者是一场总是让你开心的游戏。它们是如何实现这一情感转变的？是不是其他玩家也和你一样感到害怕或高兴？

第二部分
游戏设计

第四章：
理解游戏的动机

本章目标：

- 识别玩家类型
- 了解玩家动机
- 探讨游戏经验

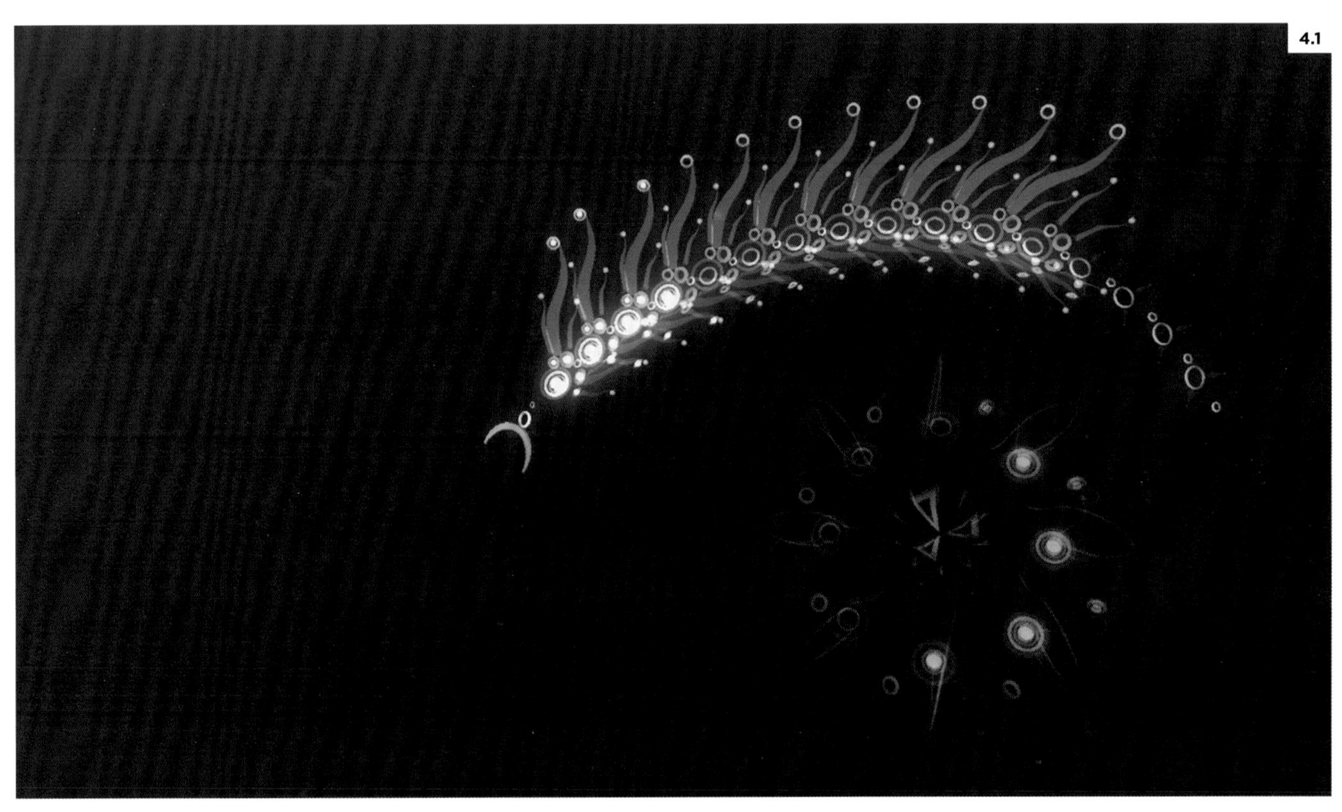

4.1

《流》（flow），由That game company公司开发（2006年）。

专注于玩家的游戏设计

在本章中，我们将专注于玩家的心理，并深入了解玩家进入游戏领域时（或“魔法圈”，如在第二章中讨论的）寻求的体验和情感。在第一章和第二章中，我们研究了我们为什么玩，以及我们如何玩。在第三章中，我们研究了电子游戏的解构过程。在本章中，我们会考虑不同类型玩家的游戏动机，以及我们如何能更好地了解那些我们为其做游戏的人。

提示

新形式的游戏新模式

了解玩家即使是在十年前也和今天的标准练习有很大的不同。实时在线游戏［例如，多人在线对战竞技场，又称“MOBAS”，如Dota2（Valve公司，2013年）和英雄联盟（Riot Games，2009年），以及多人游戏《使命召唤》系列］，比起简单的娱乐电子游戏已然更类似于服务。从设计师的角度来看，在线游戏是设计者和开发团队度量（测量方法）和分析（寻找数据有意义的模式）的一个宝库。这已经把这个行业的焦点从单个玩家转移到更广泛的社区参与。新的职业，如在线社区管理者，已经成为专注于服务和长期参与这一转变的一部分。实时度量的发展意味着不再猜测，开发团队可以从玩家真实数据的基础上对他们的游戏做出明智的决定。玩家的理解方式被改变了，这就是为什么本章所介绍的“玩法分类”传统定义已经逐渐变得疏离和不全面。面对与技术发展同步改变和进化的玩家们，设计者们更乐于寻求心理和参与感方面的探索。（OCEAN模式，见第70页），这可以帮助我们更开放和动态地理解单体或群体玩家。

巴特尔的玩法分类

这十年来，电子游戏行业一直在使用一个行之有效的模式来思考玩家的动机是什么。它被称为“游戏的分类”，是由游戏设计师理查德·巴特尔（1996年）创建的。它最初被设计为大型多人在线角色扮演游戏（MMORPGS），早期的大型多人在线游戏（MMO风格）被称为多用户地下城（MUDs）。巴特尔的模式是从他观察玩家在他的游戏中不同场景下的反应中发展的。他将玩家分为四种基本类型的玩家（杀手、社交者、成功者和探险家），将这作为一种途径来解析他的设计过程。

4.2

巴特尔的原始玩家类型。

巴特尔的玩家存在于每个类别中的某处。当然有些玩家会表现出多种特点，而其他人则透露出一个主要特征。该模式标签下的玩家，设计师可以考虑如何让“杀手”以他们感兴趣的“探险家”形式来享受游戏中的某些特定部分。出于这种简单的分类而来的著名巴特尔测试，是通过一系列的问题并根据玩家喜好进行分类的评分系统。例如，一个玩家的得分是100%的杀手，50%的社交家，40%的成功者，10%的冒险家，这表明了该玩家更喜欢与其他玩家（比如在《魔兽世界》中玩家与玩家服务器）战斗而不是与他人合作。

开发商、设计师和营销人员采用这种模式，MMORPG以外的问卷调查用途在于试图量化游戏中涉及的这些玩家类型。设计师会得出这样的结论：如果一个游戏适合某个或所有的玩家类型，它有一个很好的机会能获得成功。问题是，巴特尔测试创建了一种“复选框”的设计过程，一些人认为这是一个难以捉摸的“公式”，使一个游戏一定要吸引所有类型的玩家。Bartle的玩家类型是一个完善的模型，但是当分散到每个游戏应用中时，这些模型的创建就会存在问题，从RPG游戏和FPS游戏都是如此。

为了改进巴特尔模型使其更具包容性和反映不同风格的游戏，巴特尔和其他评估玩家交叉特征或特点。例如，一个“杀手”的玩家类型可以分享“探险者”的特性，因为这个玩家可以寻找游戏中的漏洞，将有助于主导其他玩家（例如，在老式的多人游戏中玩家可以刷副本）。在新模式下玩家类型变得不那么僵化，开发者已经意识到玩家可以在不同的游戏类型中变化自己的类型；例如，一个益智游戏类型中的“冒险类”玩家可能会成为一个FPS游戏的“杀手”。

巴特尔模型及其测试工作在他们的应用程序（MUD游戏和MMORPG游戏）中，但是随着时间的推移，这四种类型的玩家已应用于所有类型的游戏中，而显而易见的是模型缺乏细节。它主要是基于观察玩家在特定游戏类型中的反应，而不是立足于心理学和思维研究。设计师需要一个基于现在和涵盖所有游戏类型作品的玩家的模型。

巴特尔的玩家类型分类

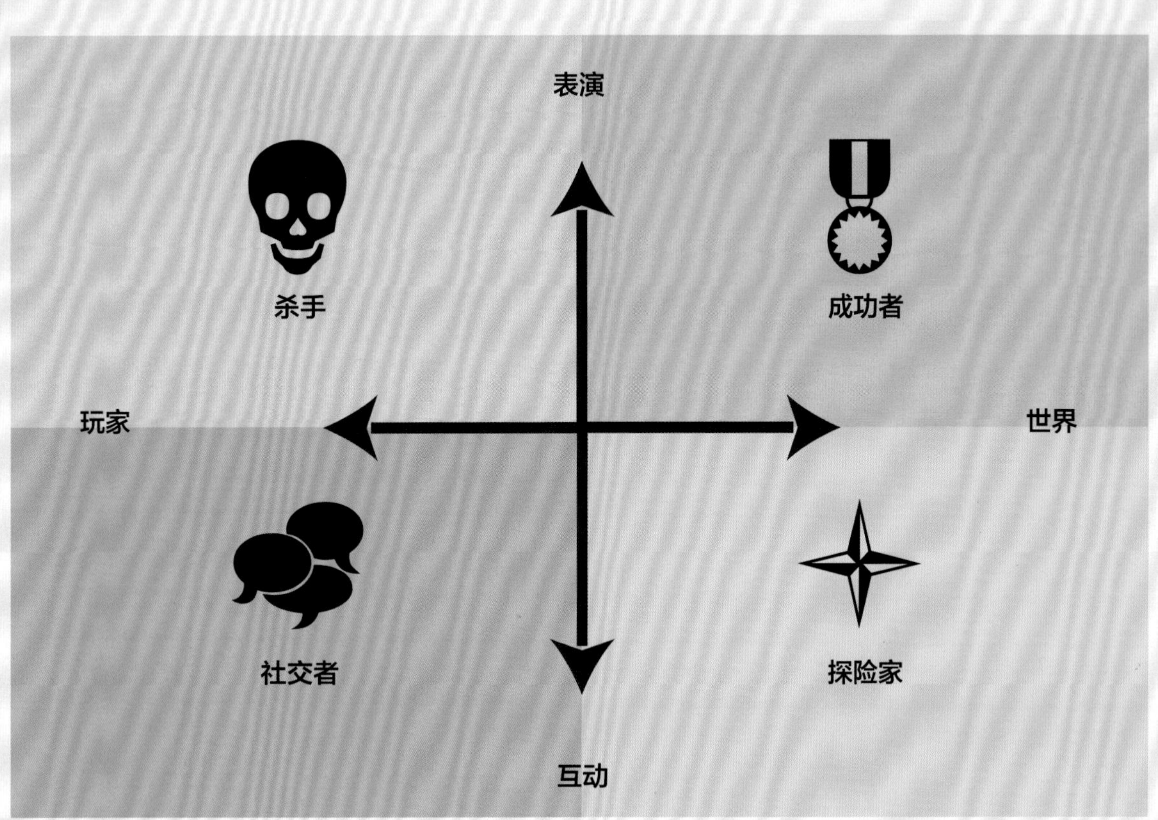

4.3 巴特尔改进后的玩家类型

水平轴的特征专注于其他玩家对世界（如多人游戏《使命召唤》与《模拟城市》）的偏好。垂直轴的特点是一个偏好互动的作用。成功者类型更喜欢作用于世界（例如，《模拟人生》）而社交型喜欢与其他玩家互动（《模拟人生》在线）。正如模型所示，这些是非常普通的箱子。因此，一个杀手可以是社交类型（团队或部落）以及一个追逐在世界的成就者类型（取得高分数，赢得更好的武器等）。一个地图的流动玩家类型可以跨越这个轴上的不同类型。

五大人格特质

游戏开发商和学者（包括巴特尔本人）已经开始研究巴特尔模型的用途和弊端，企图发展到超出其原来预期的目的。一个跨学科的智囊团的小组创建一个新的模式，称为马蹄项目。其成员之一杰森·范登伯格（Jason VandenBerghe）是育碧蒙特利尔的创意总监，在2012年的游戏开发者大会（GDC）中演讲并介绍了他们的新模式。杰森建议去除所有游戏的巴特尔类型，以人格研究的心理学家推断其使用动机来替代。

自20世纪80年代以来，心理学家已经根据五种人格特质制定了人性化特点理论（通过坚实的经验数据支持）。这些被称为“Big Five”，或“OCEAN”。该模型十分有趣，因为它似乎适用于所有年龄和文化。

“The Big Five”或“OCEAN”理论中特点的分类：

开放性（经验）：这些特质包括创造力、冒险、好奇心、对经验的多样性，以及对新奇事物的偏好。

责任感：可靠的倾向，自律，不是自发的而是有组织的。

外向性：精力充沛，自信，善于交际，寻求其他刺激，健谈。

宜人性：合作、友好、富有同情心，脾气好。

神经质：容易经历负面情绪，要长时间恢复情绪稳定，易愤怒、焦虑、抑郁和脆弱。

人类是复杂的生物，与巴特尔测试相比，丰富化的OCEAN模型更强调玩家因为游戏叙事改变而进行的游戏行为变化。OCEAN模式提供了更深入地了解玩家在游戏前、中、后时的动机。

解析新模式

OCEAN模式并不是绝对的，就像巴特尔模型的后期版本，它是基于一个流动的特征的系列。玩家可以有不同程度的几个特征。更好地解释五大人格特质的一种方式是通过模拟性格。（这也是人物的背景构造，正如我们在第七章中讨论的角色设计。）

通过《魔戒》（书或电影）人物，我们可以看到不同的性格特征是如何映射到OCEAN模式中的：

开放性

高：佛罗多·巴金斯

低：山姆卫斯·詹吉

责任感

高：阿拉贡

低：佩里格林·图克

外向性

高：梅里雅达克·烈洒鹿

低：波罗莫

宜人性

高：金雳

低：爱隆

神经质

高：咕噜

低：灰袍甘道夫

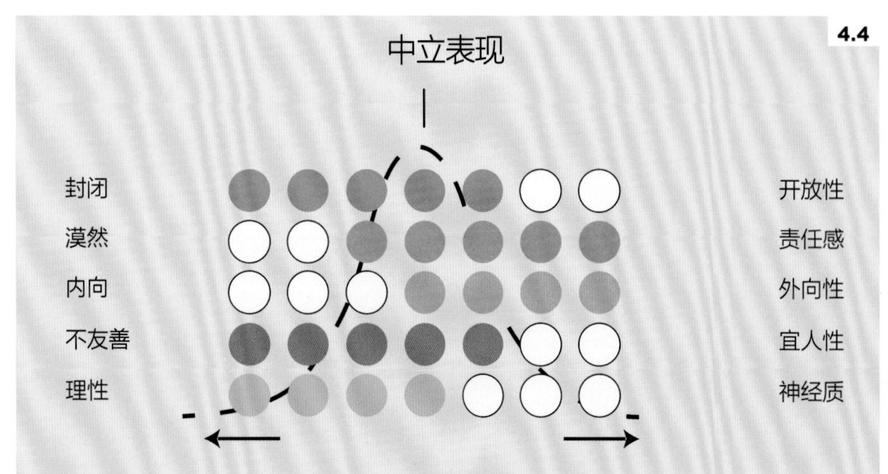

4.4

五大模式就像一个钟曲线。两端都有两个极端，无论你期待怎样的人格特质，但是太多数人都处于中间部分。这种模式允许玩家与多个类别和得分较高和较低的多个类别的玩家共享特征。

转变游戏设计中的OCEAN模型

因为它具有一个光谱的特征，有些人在一个地区高而在另一个地区低，仍然可以是一个讨人喜欢的或有趣的人。具有高神经质的不一定是一个邪恶的角色（咕噜是一个极端的例子），但它将与其他人的相互作用更复杂，并且他们在一个特定的方式中玩的原因更明显。我们都知道现实生活中的人们对某些事情很神经质，也许是迷信的，或非常情绪化，但谁都能成为好朋友。

OCEAN模式中得分高或低的人（记住低并不意味着“坏”，高也并不代表“好”或“更好的”），这些性格特征从他们的现实生活映射到他们的游戏角色当中。简而言之，我们需要很多自我，有意识地进入我们的游戏。这可能听起来很明显，但使用OCEAN模式使我们能够从心理学研究中获得经验数据，而不是广义的假设。

随着OCEAN模式的出现，巴特尔的四大类型的玩家变成了五种人格特征。问题是，OCEAN模型是心理学家的通用模型，并不是特地为电子游戏开发的。马蹄项目在这里提供了五大玩家动机——游戏中的五大“领域”连接了电子游戏和海洋心理学模型。“五大”高效诠释了游戏领域的心理模型，极大帮助了游戏设计师。代替开放/闭合性等等，这五个领域是新奇、挑战、刺激、和谐和威胁。这些特性能更好地映射到电子游戏和玩法中去。

4.5

马蹄项目的五大领域或游戏动机：使用高域、低域以及中间域的OCEAN光谱模型，各领域可以映射到电子游戏玩家特征和游戏机制中。这些领域的心理学模型可以直接映射到电子游戏“语言”中。

新奇	挑战	刺激	和谐	威胁
经验	自我控制	社交/行动	社区	负面情绪
高：想象力、独特	高：大量挑战	高：社交、活跃、多人游戏	高：合作、无暴力	高：难以掌握、棘手
低：可预测、常规	低：简易、可选择挑战	低：镇静、倔强、无社交	低：好战、个人主义	低：容易掌握、简单

五大领域和玩家动机

设计师要知道他们的玩家如何思考以及是什么激励他们去玩。电子游戏设计是一个昂贵的、高风险的业务。游戏可能在技术上可行，但因为某些原因不能与玩家产生共鸣（《超越善恶》，育碧蒙特利尔，2003年。《冥界狂想曲》，LucasArts公司，1998年。《精神世界》，Double Fine制作小组，2005年）。其他游戏可能是未完成或仅在发布之前就已经非常受欢迎（《僵尸末日》，设计师迪安·霍尔（Dean Hall），2012年。《坎巴拉太空计划》，Squad公司，2011年）。出于显而易见的原因，游戏设计师想找出他们的游戏想法和原型是否有可能引起玩家高水平的兴趣和情感互动。

在这一点上，你可能会想知道为什么我们不厌其烦的做这些模型和调查。当然，人们只是制作他们想玩的游戏，而他们想玩的是什么？这些模型的目的是为游戏设计师建立一个有用的工具集，因为他们不知道你或你的朋友以及其他玩家真的想要什么。想象一个游戏，你扮演一个十几岁的女孩在空荡荡的房子里闲逛，试图找出为什么没人在家。这听起来像一个非常无聊的游戏（这是《回家》的前提），但我们通过五大领域设置模拟游戏，游戏会变成一个更有趣的形式。有较高的新奇性（大部分游戏人物都是男性，但这个主角是女性），中等水平挑战（找出为什么她的家人已经离开了家），低水平刺激（这不是快节奏、危险的动作），低和谐（专为一个玩家叙事），和高威胁（雷雨时空荡荡的大房子畏缩地充满张力）。

从本质上讲，这五个领域是重新设计的OCEAN模式，使其成为游戏设计师的工具。一个“小心谨慎”玩家与拥有或高或低“挑战欲”的玩家相比，对游戏世界内容的感受会少一些。所以转换如下：

新奇=开放式体验

挑战=责任心

刺激=外向

和谐=宜人性

威胁=神经质

4.6

游戏中运用五大领域的案例。

新奇：从预期、重复或传统的经验中区分想象经验。

挑战：自我控制，玩家对游戏的要求。

刺激：玩家自身的身体反应，情绪状态。

和谐：玩家对玩家的互动。

威胁：“消极”情绪的触发。

新奇

高：《文明5》或《模拟人生》，游戏是绝不会有两款相同。

低：《国际足联》或《疯狂橄榄球》，刚性规则集，同样的机制。

挑战

高：《黑暗灵魂》，方法论，测量方法。

低：《乐高蝙蝠侠》，有限/无优势，仍然十分乐趣。

刺激

高：《劲舞革命》，高能量和社会化。

低：《奇异变形》，镇静，体验式，单人游戏和低能量。

和谐

高：《小小大星球》，分享和游戏合作。

低：《真人快打》，个人的胜利，没有合作。

威胁

高：《齿轮的战争》，激烈，发自肺腑的快节奏游戏。

低：《糖果粉碎传奇》，重复的，非暴力的，积极的反馈。

作为一个设计师，你可以按照对自己游戏的理想玩家个性特征来匹配游戏元素。对于游戏设计来说这是一个更微妙的应用模型，因为这种模式更为灵活，并且为游戏概念提供更好的指导性策略而不是经验性猜测。要记住高分玩家或低分玩家并不代表积极玩家或消极玩家；满足高分玩家和低分玩家的设计都可以营造完美的游戏体验和精彩的历险，在《天际》（Bethesda工作室，2011年）中单体玩家进入一个美丽的探险世界（激励），同时结合动作和神秘元素（挑战），但这一切都需要玩家真正希望推动游戏的发展（好奇心）。

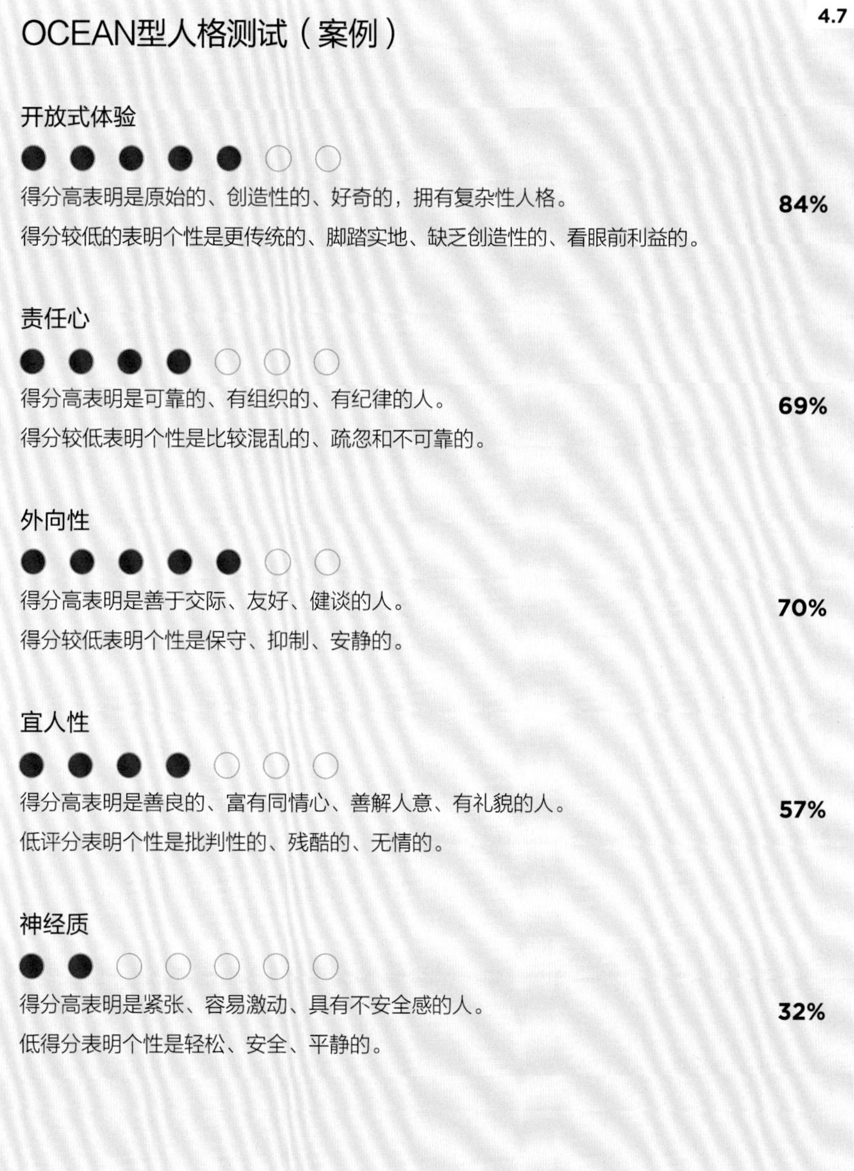

4.7

这些都是我从OCEAN型性格网站得到的测试结果。这张图表说明了哪些元素的游戏我最有可能享受以及哪些我不喜欢。例如，我喜欢大型开放式角色扮演类游戏，喜欢选择自己的冒险之路，就像《天际》。我不是太喜欢那些需要花很多精力，在研究学习和高压情绪下才能完成的游戏，如《忍者龙剑传》（Team Ninja，2004年）或《猎天使魔女》（Platinum Games，2010年）。

玩家原型

我们已经考虑到大多数的模式，但基于一个人的模型无法提供足够的深度以推测出“会有人喜欢这个游戏吗？”，当你建立一个游戏的概念时，你可以映射出玩家最可能享受或从事解谜类、动作类或叙事类游戏，而这些想象的玩家被称为玩家原型或玩家角色（人物角色在营销和其他设计行业最常用到）。你可以创建玩家原型，根据自己想象中的个性和游戏偏好来指导你的游戏设计决策。

托德·霍华德，Bethesda公司的执行制片人（开发了游戏《天际》；谈了他们使用称为“聚光”的程序。为了决定整个游戏体验的关键环节设置，设计团队每个人都提出自己设定的游戏特征，并将这些想法放置于玩家原型的“聚光灯”下。例如，如果马可以携带装备（从而绕过玩家累赘的限制），这似乎对游戏的一个有益的补充，但是当你开始通过玩家原型的视角看这个决定（挑战、新颖、威胁），这意味着马在游戏中变得更加重要了。而不仅仅是一种代步工具，他们将成为漫游库存系统。当他们死亡或者无法进入房间或城镇时会发生什么？这一设计功能将放大马的身份的负面信息，所以它被删除。《天际》经验中的最重要的部分是玩家和他们的性格。

原型不是完美的玩家，没有人会喜欢游戏中的每一个方面。通过使用OCEAN模式和玩家领域模型作为指导，你可以开始建立一个玩家关注的游戏，这样更容易提供整体的正面体验。我告诉我的学生，了解你的观众和研究他们是设计过程的重要组成部分。我们面临的挑战是要结合你的发现和研究平衡自己的创造力，推动创建引人入胜的游戏。

一个游戏项目如果承受太多他人建议，甚至让这些建议来主导项目进程，这将会十分危险。所有的流程和模块都应该在按照你希望给玩家提供的设计体验的指导性框架下进行；这些建议可以在项目需求中或多或少地被采用。另外一个问题是要注意使用在创建玩家原型和性格特征的模型时，做出的太多假设和概括。这可能会创造一个缺乏任何包容形式的游戏，导致负面的刻板印象。最坏的情况是一个游戏会贬低或侮辱到某些观众。

4.8

玩家角色或原型（谁是玩家）和场景（玩家在情境中是X或Y）对指导早期阶段的项目是有用的。如果游戏开始变得没有重点，设计团队可以使用原型来问，“玩家X想要体验或看到什么？”

4.8

姓名	马修·马吉
职位/岗位职责	咖啡师
人口统计资料	22岁/恋爱中/艺术本科（学士）
动机	马修为了提高自己的身体素质而对游戏感兴趣。他认为自己是一个休闲玩家，但也扮演长期通勤工作的角色。他有一个智能手机和一个玩游戏的平板设备。他也买了一个游戏机，但他还在努力寻找着感兴趣的游戏。
目标	为符合自我感觉的游戏感到兴奋。有趣、深刻、艺术、创意和惊喜。
挫折	游戏缺乏多样性，通常“贪欲”会附加到游戏中。游戏中的性别歧视一他喜欢他的女朋友看他玩游戏，但往往会使她离开。
环境	马修住在一个重要的多元文化城市的小公寓中。他在现实世界中十分舒服，但是并不充实。
引用	我想要一个让我有感觉的游戏。

姓名	瑞秋·莱利
职位/岗位职责	兼职零售，热点话题
人口统计资料	17岁/单身/高中
动机	瑞秋是一个有点孤独的人。她认为自己与她的同学不一样，她比同龄人更聪明、更有深度。她没有太多社交。相反，她花了很多时间在MMD和RPG游戏社区。
目标	瑞秋在多人在线游戏中很舒服，但是想与她的队友们之间有更多情感上的联系。她对自己的家族和在线朋友都有感情，但也要平衡自己的生活，因为她要上大学了。
挫折	在游戏空间中不断被打击。不被视为一个严肃的玩家因为她是女的。想要对她的同龄人和其他人证明她的技能。被认为一个充满激情、聪明和有趣的玩家。
环境	瑞秋生活在宾夕法尼亚乡下的一个几千人的小村庄。她最享受上网玩游戏，胜过游戏机或平板电脑。她的父母担心她花太多的时间在网上，并试图限制她游戏的时间。
引用	我想成为一名严肃玩家。

设计伦理电子游戏

有时为了快速得到一个游戏原型和运行或出产一款游戏，设计师会故意落入陷阱，或让他们的产品意外带有负面成见。这会在基于有限的个人喜好和经历的假设或设计糟糕的玩家原型的游戏中发生。设计师和我们许多人一样，在创建产品时使用归纳和假设。游戏是复杂而艰难的制作，而有创意的人往往会把自己作为模型的一种来模拟目标受众。鉴于大多数游戏设计师是男性（幸好这正在慢慢改变）和白种人（在西方），这很可能会导致一些棘手的设计选择问题，他们用不着深思熟虑但并不意味着他们对于性别和种族歧视可以袖手旁观。

电子游戏是一种变革性的媒介

你正在做一些令人惊异的事情，你正在创造一个之前一无所有的地方。游戏改变了这些玩家。正如我们在第一章和第二章中所探讨的，游戏是我们文化的一部分，电子游戏通过互动和令人难以置信的吸引力提高了娱乐的门槛。作为一个电子游戏设计师，你对你的玩家负有一个很棒责任，并且这不是你应该轻视的责任。

我们玩游戏的原因有很多种，但大多是为了某种形式的情感释放。我们可以用一个多人死亡游戏来发泄在老板那里受到的挫折，或者我们可以玩《银河马里奥》（任天堂，2007年），因为它总是让我们感到高兴。我们可以通过交换性别或种族的游戏更多地了解自己，或许可以获得一些新的观点，或者我们可以只是为了放松而去玩。所有这些方案可以作为一种情感需要被视为是游戏的一部分，当我们玩的时候它们一定以某种方式改变了我们。因此设计师需要了解给玩家呈现什么。我们想说什么，我们是怎么说的？

在整个游戏开发过程中，许多压力来自于设计师过于强调特定文化规范产生的影响或者推崇特定的视角，因为他们希望吸引某些特定人群（年轻人、白人、玩家）。这是一个很容易让背景有限的设计师在开发游戏时走入误区。你可以使用工具以防止这一点，或者去检验它，这是广泛的方法。这是一个深思熟虑的过程，但并不难实现。例如，如果你是一个男性设计团队的一部分，邀请女性设计师或玩家加入谈话，以获得一些观点是非常重要的。这同样适用于种族、年龄和性别之间。将包容性加入你设计过程中的一部分，将会使你的游戏变得更好。

4.9a

你在游戏中投入多少暴力与性别是一个设计选择。游戏可以仅仅是娱乐，或是作为告知并带来变革的催化剂。每个决定都需要尽可能多的人的投入来平衡。如《侠盗猎车手5》（Rockstar North，2013年）。

4.9b

非暴力游戏不仅丰富，而且十分受欢迎。从《马里奥游戏之旅》（That game company，2012年）可以看出，游戏提供了一种可替代枪和破坏的广泛吸引力。

4.9a

4.9b

包容性

刻板印象是懒惰的、经常被冒犯的描绘。因为玩家正趋于多样化，青少年主题逐渐变得无聊和不够刺激，因此电子游戏行业也正在缓慢发展中。值得注意和欢迎的是，大家对游戏攻击性的刻板印象已经逐渐反应冷淡了。游戏可以用来教导我们许多知识。作为文化物，它们教我们关于认识世界和我们自己。作为一个创造者，你可以获得正确或错误的反馈。

你的游戏会根据你的道德立场影响玩家。作为一个设计师，要包容和尊重每个人，他们的投入只会让你的游戏变得更好。一个讨论游戏问题的地方是国际游戏开发者协会网站（IGDA.org）和他们的特殊兴趣小组（SIG），以及这本书的网站：www. Bloomsburry.com/Salmond-Video-Game，里面有更详细的文章和站点覆盖这些学科的链接。

4.10

游戏如《旺达与巨像》（ICO团队，2005年）利用了玩家的期望和叙事。英雄/反英雄的影响力以比喻和定型的方式用于电子游戏中，其他媒体很少会质疑暴力行为的后果。

作为自我意识的设计师

电子游戏中的暴力、色情和血腥主题引发了新闻媒体发表多篇文章。尽管有些游戏通常并不比电影或电视中的极端，却仍然会被媒体点名批评。在《杀手5：赦免》（IO Interactive，2012年）中的成人主题，《皮克敏》（任天堂，2001年）或者《银河马里奥》都是这样。事实上，发布的游戏中在ESRB 分级为“适合每个人的E级”比“适合成年人的M级”（在2013年，分级为E的游戏占46%，分级为M的占12%）数量多很多。设计性选择可以影响游戏的底线。尽管消费回报与维护游戏道德无关，但现实作用于游戏的影响在于歪曲了其道德指南。你的游戏使用M级限制观众（虽然在美国评级版可能会更接受暴力主题超过色情主题，这在欧洲有点逆转），会为游戏提供潜在的利润。游戏应该有包容性和伦理观念。如果你的游戏因为它的主题而拒绝女性，一般50%的人不会买你的游戏。如果你的游戏贬低或侮辱某些种族，媒体反击或利益集团的压力可以毁灭你的游戏，甚至把它从虚拟平台或商店的货架上拉下来。

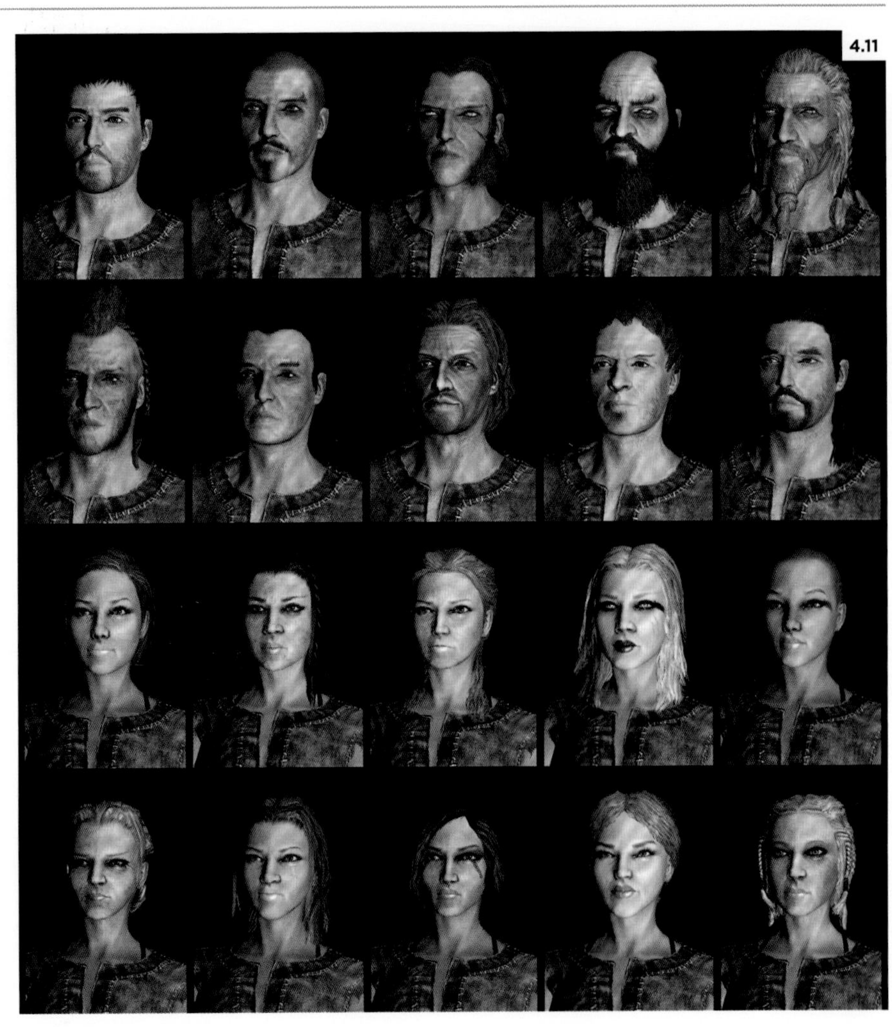

4.11

让玩家选择性别或种族，如《上古卷轴5：天际》所示，开辟了玩家去探索他或她自己的个性与成为本身的可能性，强迫玩家是一个白人男性角色会限制和阻碍他去探索不同的游戏模式。

这并不是说你应该只考虑道德选择，如果你能用它们来发挥你的优势，你可以做出这些决定因为它们是正确的事情。走近游戏设计形式伦理观点，并不意味着以某种方式稀释自我审查或制作游戏。其他形式的娱乐（特别是电视和电影，虽然也有例外）有广泛的、大众的吸引力，并且依然是有趣的、有见地的和有效的艺术作品。

4.12

4.12

在电子游戏中，设计师可以设置玩家的道德难题，然后引导玩家“做正确的事”。为在游戏中选择更正义的路径或选择黑暗之路提供优势。在《辐射3》（贝塞斯达游戏工作室，2008年）中，玩家选择是否保存该垃圾场的狗并让它跟着主角。如果狗被杀死，玩家就失去了一个有用的伙伴。

布兰登·谢菲尔德

Necrosoft游戏导演

最近游戏网站上传SONY游戏发布的《战房》，这次的游戏是个独立游戏，作为Necrosoft的游戏总监，你认为游戏开发的平台有多重要?

“独立游戏的创意是非常重要的，它们是你与开发人员不在一起工作的一个很好的方式，尝试新的想法很快，否则你可能会忽略事情的一种尝试。这就是为什么像Capy游戏和Double Fine这样的公司会让开发者们在内部进行游戏风暴比赛——很多有趣的想法和游戏机制就此产生，这些都可以应用到未来的游戏中或者成为他们所拥有的完整游戏产品。”

4.13

《战房》的最终版本来自于一年的打磨原型、游戏测试、返工调整和重复过程的结果。

你能为我们内部揭秘一下《战房》的开发过程吗?

“《战房》的第一次迭代发生在Moly Jam独立游戏风暴过程中。从那以后，我得以有机会为索尼的新PlayStation手机平台制作一些游戏，《战房》是其中之一。后来，为了达到我对这款游戏预想中的感觉，一直不断进行迭代。如果要我把过程中的细节一一述说估计要用一辈子，但我可以说，最终版本跟最初的原型大相径庭，虽然是出自同样的艺术家之手。整个循环过程可以提炼为：原型、测试、迭代，然后重复以上过程。整整一年！”

“对于《战房》和即将出炉的《噢，鹿！》，它们都是PlayStation平台的手游，我们必须使用PSM套件。我们使用了部分自带元件库，但是大部分情况下无论我们集合多少C#语言的智慧还是觉得很束缚。我们会使用PS和一些动画程序来解决像素艺术，但是对于非像素艺术，我们的艺术家实际上是在完全手绘后进行扫描，然后在PS中上色。我们用Brash Monkey的Spriter软件制作动画，它跟Flash功能差不多但非常便宜，它背后还有一支反应灵敏的技术支持团队。”

作为一个开发者和游戏记者，你觉得什么样的游戏标题是最容易吸引游戏新闻关注的?

“最重要的是要有一个原创且富有吸引力的故事。讲些尝试和磨难，或者你游戏中非常与众不同的地方，或者别的什么。给喜欢你游戏的人们发邮件，给他们发游戏版本。在游戏大会上跟记者们聊天并尝试了解他们。当你的游戏最终出炉，那么你必须要有一个好的故事和视角。如果你的游戏实在没什么与众不同，那可能你就不要期待会有太多新闻覆盖！”

你谈到大型开发商和发行商开始规避风险。这对于电子游戏的未来发展会有怎样的影响呢?

“从总体情况看，这只是意味着大型开发商和发行商将继续制作老少皆宜、缺少趣味、更加同质化的产品。但是只要人们对游戏还抱有热情，在总体趋势上，游戏的革新仍然会继续。不管大型开发商未来是否参与，我从不担心游戏会作为一种媒介而存在。”

“虽然新的《疯狂橄榄球》（EA）标题不会有什么风险，但是仍然会有为数众多的大公司们无法考虑周全的更具风险的小标题。这下就平衡了——你会发现有些大公司正试图把自己的脚趾头浸在沸腾的蒸馏水中。”

本章小结

用研究工具来更好地理解和预测你的玩家。一旦你已经考虑了游戏概念的玩家和你的道德立场，就可以开始构建你想要的玩家体验。重要的是要明白这些模型只告诉玩家故事的一部分，它们不能模拟或映射出一个实际的人与预期的反应和行动（这就是玩家测试的作用）。游戏体验来自于玩家，最终是由设计师塑造的。还有一个模型用于创造游戏，有助于我们理解这种关系，机械动态美学（MDA）模型，你可以了解更多，请访问本书的网站：www.bloomsbury.com/Salmond-Video-Game。游戏和玩家相互依存创造体验，这就是我们将在下一章探讨的：创造体验。

讨论要点

1. 如果你要为自己创造一个OCEAN模式档案，它与玩游戏的方式有多紧密？一个朋友或亲戚的资料有何不同，他们会更喜欢基于什么类型的游戏？

2. 想想你最近玩过的游戏。考虑一个级别或者几个级别，并且考虑如何在游戏中的五个领域映射你的经验。如何与你想象的OCEAN模式相关联？

3. 当看着过去你玩过的3~4个电子游戏，如何看待不同性别或种族的玩家的道德倾向？怎样使游戏改善得更具包容性，没有任何有形的差异，或是毁灭它？

参考文献

Bartle, R. (1996), "Hearts, Clubs, Diamonds, Spades: Players Who Suit MUDs." Available online: www.mud.co.uk/richard/hcds.htm

Howard, T. (2012), Bethesda Games, "Why We Create, Why We Play." D.I.C.E. 2012 keynote address, Las Vegas, February.

VandenBerghe, J. (2012), "The 5 Domains of Play: Applying Psychology's Big 5 Motivation Domains to Games." Speech, Game Developers Conference, San Francisco, March.

第二部分
游戏设计

第五章：电子游戏是事件驱动的体验

本章目标：

- 认识到游戏事件和游戏体验之间的关系
- 理解充满情感的游戏
- 探索心流的概念
- 制作经验

5.1

《最终幻想14：重生之境》，由史克威尔艾尼克斯公司（Square Enix）开发。

体验来自情感

当你回忆过往的经历时，尽管你可能会想起一些细节，但是记得最好的是伴随经历的情绪。当你通关一个游戏时，你首先会想起的游戏元素是什么？是那些你试了五次才通过的、令人沮丧的部分？是那些难题带给你的困惑？还是那些当你走进一个新领域时眼前一亮的惊奇？当你跟别人描述你的游戏体验时，你最有可能用情感来描述这个游戏。

体验来自情感，情感是由游戏的玩法创造的。当你的角色濒临死亡时，错过的一个跳跃，错过的一个目标，打击的一个敌人，这些都是驱动着玩家情感体验的游戏玩法。（更多信息，请在网站阅读MDA，Mechanic-Dynamic-Aesthetic :www.Bloomsbury.com/Salmond-Video-Game）。

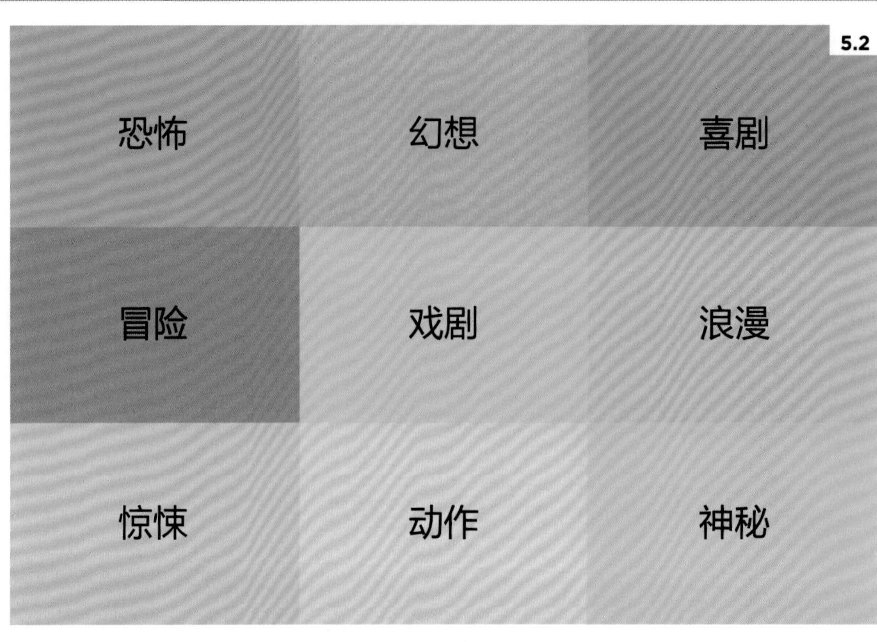

在游戏设计中融入情感并不是一件简单的事。造成这个问题的部分原因在于玩家控制的角色本身的互动。玩家希望用自己的方式获得掌控感，不希望被游戏设计师操纵，感受别人要他感受的。电影在创作情感时相对容易。电影通常有人或者拟人的演员，并且人们用一生跟他人共情，做得越来越好。当我们看到有人哭泣时，我们会懊恼；当我们看到有人在笑时，我们也笑。你有没有看到过哈欠在一个房间内传递的事呢？生动（逼真）的经验能增强情感。电影甚至用情绪词来描述自己的风格：恐怖、惊悚或浪漫的电影。

5.2

电影流派是用情感来定义和描述。

因为电子游戏是互动的，所以它可以从其他途径加入情绪，包括玩家在玩的过程中能体会到内心反应和感受。

成就感：电子游戏允许我们掌握了一个虚拟世界的技能。这让玩家感到强大（愿望或幻想的实现）。

权力感：游戏是一种充满权力感的体验。他允许玩家做在现实生活中不能做（或不应该做）的事，对年轻玩家来说更是如此，他们在生活中比成年人有更多的限制。

试验感：电子游戏不仅能够让玩家扮演虚拟角色，而且在一些游戏中能够通过角色扮演体验角色个性（如男或女，善良或邪恶）。

5.3a

如《羞辱》（Arkane工作室，2012年）这个游戏，它授权玩家并提供强大的实现梦想的能力给玩家，让玩家在一个反乌托邦的世界中扮演一个纠正错误的指挥官。

5.3b

因为玩家有替身，他们可以关联到游戏的角色中。《古墓丽影》（Crystal Dynamics，2013年）里的角色劳拉，脆弱的同时也很强大，玩家可以产生共鸣，和她一起感到兴奋、紧张或焦虑。

情绪从哪里来的?

我们的潜意识驱使我们的情绪。我们很少意识到一种特定情绪是如何触发的。相反，我们有一套内部的参数，当满足条件时，就会引发一种情绪反应。我们几乎很少或不能控制这一点。我们只是觉得喜剧搞笑、有趣，或觉得电影中特定的场景让人悲伤。我们在一种情况下会很生气，但在另一种情况下却不会，即使两种情况非常相似。当你想在你的游戏中精心设计一个的情绪触发点时，你能做的就是绘制出人们共有的基本情绪，然后明确你想让触发玩家的情感。然后，你可以开始看一看需要添加哪些参数到游戏中，才能激发出大部分人的情绪。

5.4

愤怒/疯狂——挫折天生就是游戏中的一个平衡元素，当玩家想放弃时却又接近胜利。

蔑视——你作为疯狂邪恶的暴君，觉得你的劲敌（一个天性邪恶的NPC）还不如你。

厌恶——逼真的图像有助于玩家产生一种本能的厌恶感，另外逼真的音频和主题（恐惧、对死亡和疾病的害怕等）也有一样的作用。

趣味——这是在游戏空间内习得的，当明白了游戏中的意义，“啊哈”时刻就出现了（传送门）。

苦恼/焦虑不安——我能玩到最后一级吗？我能及时解开困扰吗？我的同伴们对我有什么样的感觉呢？

担心/悬念——这种情绪在一些游戏中很明显，例如《寂静岭》（Silent Hill）或者《生化危机》（Resident Evil）。这种情绪在一些推理游戏中也可以被引发（如果我指控了一个错的人，游戏会结束或者我的名誉会受损），或者是一个射手出现时。（打大Boss的战斗中，只剩下很少血量，弹药不足）

罪恶感/悲痛——玩家可以做更多来拯救那个角色吗？失去道具或者同伴。（《天际》《最终幻想7》）

快乐/幸福——在游戏世界中做愚蠢的事情，只是为了快乐和幸福。（《超凡块魂》《橡胶男孩》）

惊讶/惊奇——当你走出一个密闭受限的空间后进入了一个更大的外星球/幻想世界（《光晕》《天际》）

5.4
游戏中的基本情绪。

这些情绪可以自始至终的散布在游戏中，它们可以是微妙的或明确的。这取决于游戏情节和你想让玩家在玩游戏时感受到的感觉。现在，这一个基本情绪的大纲概述和列表，我们需要做的就是将这方面的知识应用到电子游戏的情节中。

设计一种情感体验

在草拟一个游戏时，游戏设计师通常会提出一个问题："我们想让玩家实现什么愿望？"这个过程和设计一种情感体验非常相似。游戏本质上是一系列事件的连续，事件本身如果没有和情绪联系在一起的话是非常无聊的。例如，一个玩家穿过商场，从A点走到B点——这听起来并不激动人心。但是，如果你的角色正在寻找那些骗了她钱的人，并且现在你要寻找他们并报复，那么这就变成了一个令人兴奋的追寻过程。这就是为什么游戏设计师把情感当作体验的一个必不可少的组成部分。情感的创造，是人类价值/涵义被引入到抽象环境所导致的结果。

体验和情感必须分配在连续的游戏事件上，就像戏剧中的一场戏和电影的一幕一样（有些游戏甚至有他们明确的章节或场次）。情绪是很难安排和控制的，但是利用事件，游戏设计师（或玩家）就可以划分出故事节奏，如紧张和放松的点、喜剧和动作的点。如果你创作了一个恐怖或是推理游戏，你不能让玩家全程感到害怕和不安，因为在这种情况下玩家会觉得无所适从和筋疲力尽。情感同样需要用故事线和兴趣线来制定节奏（正如我们在本章后面所探讨的）。

你可以用事件的触发来激发情绪状态。

学习：人类向来追求学习更多的知识。对一个游戏的掌握程度必须随着玩游戏的时间越久而逐渐增长，掌握是一种情感上的奖励。玩一个游戏玩得越来越厉害会被大家认为很聪明，这需要技巧。

叙事：和电影一样，在游戏中我们几乎可以对人类任何形式的人格特质感同身受。叙事和角色是学习情感状态的一部分。我们想要了解其他的玩家或者角色（新颖、刺激），就像我们在现实生活中想要了解同伴一样。良好的角色和情节设定能唤起深处的情感。

社交：在我们玩游戏的时候或是玩过之后与他人分享(Twitch TV，Game play sharing等平台）我们的经验，就像和别人一起玩一样（融洽）。这不仅是为了玩而去玩，而且也是为了社交或者朋友圈中的地位去玩。

挑战：这是与新颖、挑战、责任心，以及威胁、神经质结合在一起的。挑战是游戏所关注的很大一部分，也有很多其他充满挑战但是对抗性不强的方法可以吸引玩家投入激情。

注意这些事件的触发点和前一章提到的游戏和OCEAN特征的五个区域的交叉。

使用游戏机制作为一种情感触发点

正如你从四个情感事件触发点中看到的一样，情感发生在一个变化点上。我们不经常意识到我们的情绪状态。你可以说，大部分时间感觉“还好”。然后当环境中的一些东西改变——有人轻轻地拍了一下肩膀吓我们一跳，或者在书中读到一段令人伤感的文章使我们哭泣。变化的事件触发了情绪，而游戏正是这一系列事件。

改变、控制和联系被用来创造玩家的情绪状态。当变化的情绪状态直接关联到玩家时，会产生更多的共鸣。例如当玩家看到自己的角色即将死亡时，就出现了“生vs死”的改变，这种改变会产生一种焦虑的状态。同样，这种状态可以出现在“胜利vs失败”的改变上（如果玩家赢了，他将不会死），导致玩家紧张地期待或是特别兴奋。所有这些状态自始至终都是波动的，当玩家受伤或被治愈，会出现第三种精神状态：“健康vs不健康”的情绪状态变化。这个变化诱发放松、焦虑、不确定和喘息的情绪。游戏是特别关注情绪状态的。从安全到危险，从不熟练到娴熟——所有事件触发了玩家情绪化的反应，因为这些事件映射的就是真实世界的样子。情绪事件的状态是真实世界的延伸，它们可以被设计师用来巧妙地操纵玩家的情绪。在游戏中通过一关能让你经历一系列的情绪变化，从感受挫折或压力（为什么这么难？）到这些情绪得到缓解（你终于明白敌人攻击的套路和弱点）再到获得一种成就感（你获得胜利），最终你会感到满足（因为你的成功）。

具有讽刺意味的是，如果这个游戏的情绪平衡得很好，玩家不会有意识地感觉到这些情绪。游戏设计师可以唤起玩家的精神状态，而且是一种情感上“暗示性的状态”。这就是玩家如此投入到一个游戏当中，以至于进入深度的精神聚焦状态，这种状态就是我们所说的“心流”（flow）。

心流——进入区域

一个匈牙利心理学家米哈里·契克森米哈（Mihaly Csikszentmihalyi），曾经试图阐释幸福。在这个情况下，他创立了自己的理论，他认为人完全专注和投入在一项活动中是最快乐的，他给这种状态命名为“心灵的流动”（心流）。契克森米哈（1900年）专注于发展心流状态理论，这也被称为“心流区”，或者大多数人更愿意叫它“区域。”

心流的产生是因为我们的神经系统每秒只能处理110位信息。听某人讲话并且理解说话的含义需要60位左右每秒，所以人没有办法同时听两个以上的人讲话，剩余一切都会被过滤掉。当人们全身心地投入一件事，比如音乐创作、写作、玩游戏时，人是没有多余的精力来处理其他输入信息的，这些信息是“范围外”的。当人真的在处理一项占用大量进程的任务时，自我感会消失，因此无法意识到身体的需要。在这一刻，饥饿、口渴、对周围环境的感知全都消失了。

提示

当玩家开始玩游戏时，他会因为仅仅完成很简单的任务感到高兴，比如移动、捡起物品、探索游戏。这是心流开始的第一步（开始游戏）。随着游戏难度的增加，玩家会离开心流状态（因为失败而沮丧或因为角色死亡了），但是当玩家变得更厉害（技能提升），这种心流状态又会回来，因为久而久之这些挑战可以被克服、被战胜（面临挑战）。心流状态是不断变化的，玩家需要不断掌握游戏技能来对抗更严峻的挑战，一旦完成了挑战，就会回到心流状态。这样反复进出心流状态是正常的，一直处于心流中反而会让人感到疲惫，所以什么时候发生和节奏特别重要。比如说在一个动作游戏中，一次艰难的Boss战斗后，常常会有一个过场动画，这时候玩家就可以在精神上“休息”，在下一次挑战出现之前可以慢慢玩。

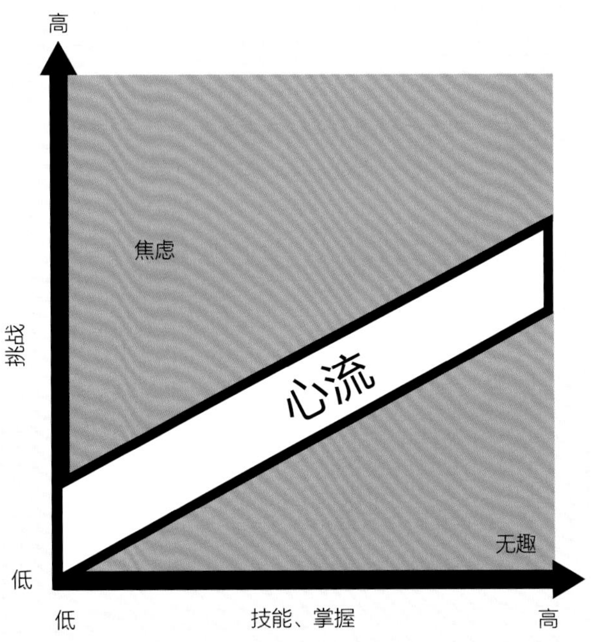

5.5

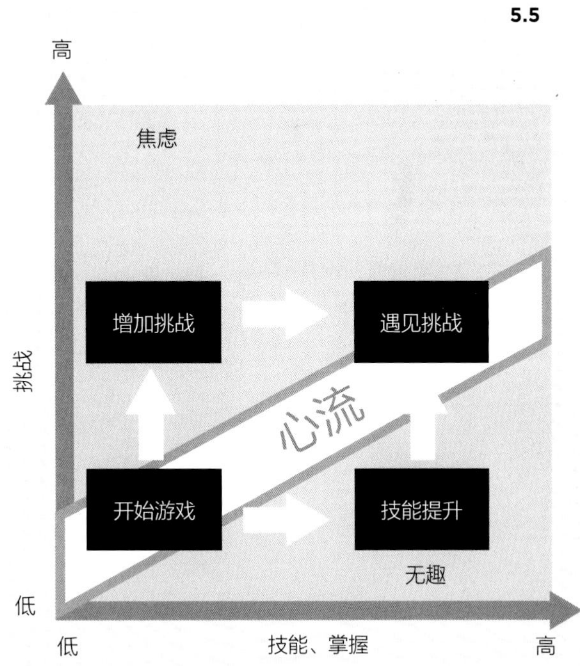

5.5

保持心流状态

跟情绪一样，心流是自发形成。契克森米哈发现人们很少知道它出现。它深层次地侵入玩家，使得玩家不再机械地思考如何玩，而是半自动化地玩。他们不自觉地采取行动，反应时变快，因为玩家的大脑已经“关闭”了分心的事，可以深深地投入游戏中。心流状态把任务的享受提到犹如禅宗般“欣喜若狂”的瞬间。契克森米哈发现，心流的出现必须伴随特定的事。挑战必须很难，玩家应对任务的技巧也必须很高。玩家的精神状态必须处于唤醒（感知并享受任务）和控制任务之间。没兴趣、无聊、担心的情绪必须很低（如“我能打败这个水平的Boss吗？我有足够的能力吗？”），焦虑和放松的情绪必须相当高（如“我现在能做完几次了，我知道这场战斗将会发生什么”）。

心流是电子游戏设计的重要组成部分。虽然心流是挑战－奖励－玩－乐趣循环的一部分，但不是每个游戏都有明显的心流时刻（想要了解更多MDA模型，请登录网站：www. Bloomsbury.com/Salmond-Video-Game）。如《劲舞革命》《吉他英雄》这样有强大物理力学的游戏，相当容易产生心流。因为玩家可以意识到自己的手、脚的配合会导致一个结果。还有一些纯心流设计的游戏，如《几何战争》，（Bizarre Creations，2003年）。心流是由事件引发的情绪状态，在一些较大的游戏中，心流形成了一些游戏的焦点，连同出现其他的情绪触发事件，如叙事和美学（比如，《勇敢向前冲》是一个完全以心流为重点的游戏，而《战争机器》通过激烈的动作创造短期的心流）。

5.6

枪战片，如《几何战争2》，游戏中需要做许多事，要达到高分的唯一方法是进入心流状态。游戏操控很简单，所以反应比策略重要许多。

《每日射击》是另一个以心流为基础的游戏，简单的玩法和美学，加上快速的节奏和“猛抽”似的反应。

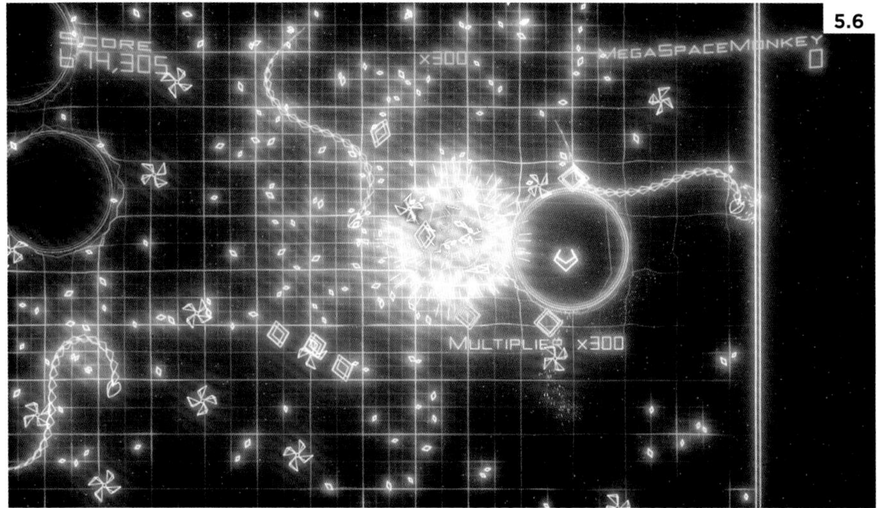

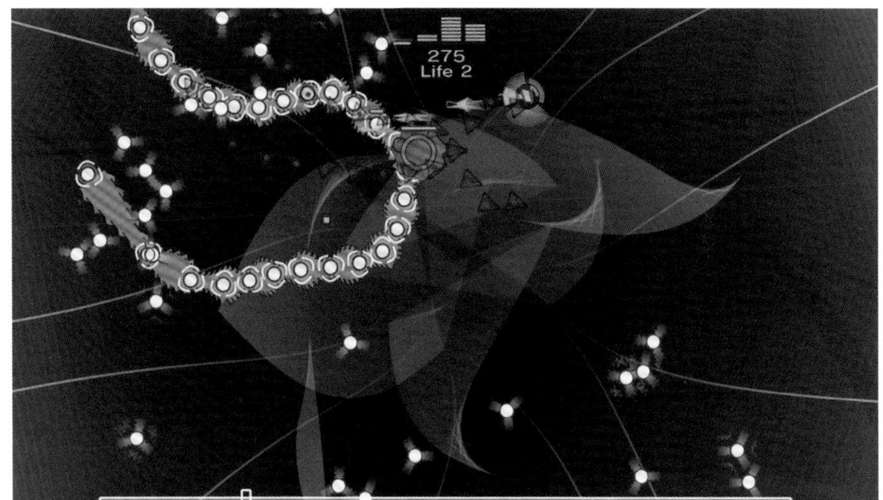

充满情感的故事

通过故事可以使经验变强、变微妙。我们习惯于讲故事和融入虚构的故事中去，而电子游戏可以为玩家提供一个引人入胜的叙述、有特点的故事框架、性吸引力和其他虚构的元素。玩家可以和编造的或非编造（由真人操控的）的角色建立极具真实性的连接。一个精心制作的游戏伴侣可以和玩家创建一个深层次的情感连接，无论是在拯救他们，嫁给他们，与他们一起战斗，和他们出去玩，或者是发现他们的故事。

我们从小就被训练参与讲故事活动，这是人类的天性。然而，光讲故事是不够的，即使有深刻的叙事，游戏中的互动受到限制，用不了多久就会让人感到无趣。将一个能激发人兴趣的故事和一个可靠的游戏玩法结合，你就有可能在这类有故事的游戏中（并不是所有游戏都需要故事）设计出一个能很好地传播情感的游戏。

提示

故事的力量

当我为我的课程制作电子游戏时，学生们经常从游戏玩法和美学着手，有的甚至从情感体验开始。虽然是对的，但是我通常会问我的学生：“为什么别人会玩这个游戏？”这个问题很难回答，当玩家寻找一个平台或第一人称游戏，发现你的游戏并没有跟他们玩过的游戏有什么不同。出于这一个原因，我会让学生以叙述迪士尼世界的方式讲故事背景和叙述结构。沃尔特·迪士尼（Walt Disney）为迪士尼乐园的每一个角落都营造一个故事背景，所有东西都必须建立在叙事的基础上。

从本质上讲，沃尔特·迪士尼也可以说是创造了一个电子游戏世界，它基于我们的现实世界，但它完全是假的，在一定意义上，它是虚构的世界。沃尔特·迪士尼希望大街电车上的每个划痕和每个凸起，都是有理由存在的，所以迪士尼的梦幻工程师们写下了很长一段关于电车的历史故事，这在我们普通人看来是一件毫无意义的事情。沃尔特·迪士尼这么做的原因是因为他知道故事的力量，即使游客从来不知道为什么电车是深浅不一的蓝色的故事，但这些历史背景也能使世界更真实。同时它也赋予了迪士尼世界中每一个元素存在的理由和目的，这些细节交织在一起，组成了一个庞大的迪士尼故事，它渗透到了公园的每一个角落。

5.7

环境本身是可以讲述故事的（正如我们在第八章和第九章中所说的那样）。若想营造一个充满敌人的危险空间，例如《辐射3》里的可下载DLC——The Pitt，或是角色反思、互动的寂静空间，关卡、环境的美术是一种视觉的捷径。

情感体验

作为一名游戏设计师，在工作中你需要注意两个重要的因素：身体反应和认知能创造情感。我们如何内化身体反应并命名是很重要的。例如，作为一个玩家，如果你在几乎没血的情况下去参加一场打Boss战斗，要知道这场战斗将是很艰难的。战斗开始了，你的心开始咚咚跳，你的手开始出汗，你变得越来越兴奋。如果你在那一刻停下来，去参加一个派对，在派对上看到一个你一直想和她/他约会的女孩/男孩,并且她/他也看着你。这两种情况下，身体的体验可以是完全一样：心动和手出汗。但是，在第一个例子中，你可以说这种体验是兴奋和挑战，在第二个例子中，你可以说这种体验是惶恐和不安。

我们如何在内心命名情绪带来了不同。即使生理反应都是一样的，一个被认为是痛苦，一个却是令人愉快。当我们开发游戏时，这些素材就像是我们放在军械库中一样。我们尝试让玩家处于“心流”的状态，切断他们与外部世界的连接。接着我们通过给玩家进入到这种状态的理由（叙事、行动）来强化这种状态，然后我们通过游戏玩法来叙事，引发玩家的情绪。通过敌人的嘲笑、游戏失败的倒计时、一次可能赢得游戏的机会，我们加强了这些情绪。

5.8

这是“心流”在大多数游戏中运作的方式。下一次你玩游戏，要意识到你是什么时候进入“心流”状态，并且这种状态会持续多久。是什么让你脱离了这种状态？又是什么让你回到了那种精神状态？

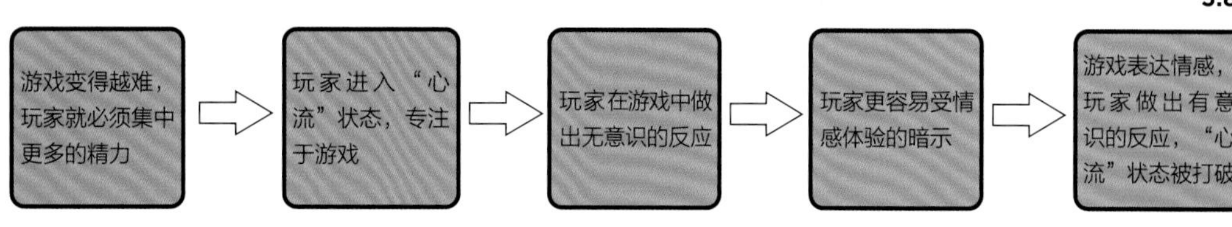

5.9

“心流”是一种极其专注或集中的状态，有多种形式。在一个有守卫看守，一旦被发现就要失败的任务中，玩家就要提高注意力，因为玩家试图完美得通关。在游戏《羞辱》（Dishonored）中，你的角色很容易被强大的守卫击垮，所以用更多的隐身方法通过是明智的，于是就出现了兴奋、谨慎和宽慰的情绪。

设计装备也能激起情绪状态，在游戏《天际》(Skyrim)中。设计师运用了敌人越全副武装，看上去就越强大，玩家在和他们遭遇时的反应就越激烈的这一规则。这一规则是隐隐约约地设置在游戏中，所以如果玩家足够强大，能应付敌人，玩家就感觉不到。当他们在战斗中失败的时候，失败会驱使玩家重新回到游戏中：玩家想要提升他们的技能等级和强化武器，并且回来再尝试。

随着时间的推移，设计一个引人入胜的体验

探索兴趣曲线

让玩家一直参与游戏体验是很难的。如何让玩家对一个游戏保持兴趣呢？我们将讨论其他吸引玩家参与到游戏中的因素，例如在第十章中提到的奖励系统，但更重要的是，我想介绍另一种为玩家设计游戏体验时能用到的模式——保持一种观众视角的阅读、观看或互动，这就是媒体使用的所谓的兴趣曲线（interest curves）。这是编剧和导演策划电影节奏的方法，这是也是游戏设计师让你持续不断地玩一个游戏的方法。

游戏兴趣曲线的设计方法与电影和电视中情节的设计方法相似。但是与它们不同的是，游戏时间往往比电影时间更长（即使是“短”的游戏，也要花掉6~20小时），实际上游戏更类似于书籍和电视连续剧。另外一个不同点是当我们测试游戏兴趣曲线时，我们测试的是玩家基于游戏玩法和游戏规则上的体验。例如，以叙事为基础的线性游戏《美国末日》（The Last of Us，顽皮狗工作室，2013年），或是《死亡空间：血统》（Dead Space: Extraction，Visceral Games，2009年），它们有着与电影相似的兴趣曲线。《美国末日》中每一章节内都有非常均衡的情感曲线，每一个关卡就是一个章节，游戏总共分为十九个章节，共三个部分。

一个节奏良好的游戏会在行动点和休息点之间来回调整，每一个高潮点都会比前面一个高潮点稍微高一点，直到游戏完全结束。曲线的轨迹不应该是一个45°角的直线，它是渐强的，会随波动产生波峰和波谷，这样玩家才不会觉得筋疲力尽。

当然这并不适用于所有的游戏，在一些游戏中建立一个事件是很难的，比如《模拟人生》（Maxis，2000年）和《我的世界》（Mojang，2009年）。这些游戏是以奖励、成就感、快乐和知识建构作为游戏的参与和节奏机制。例如在《模拟人生》中，玩家对他们自己的人生不断地建构和学习，所以实际上是玩家来控制节奏。而大型多人在线游戏（MMOs）例如《魔兽世界》（World of Warcraft），有主要事件和故事线的发展方向，所以驱使玩家们参与到游戏中的节奏是一致的。

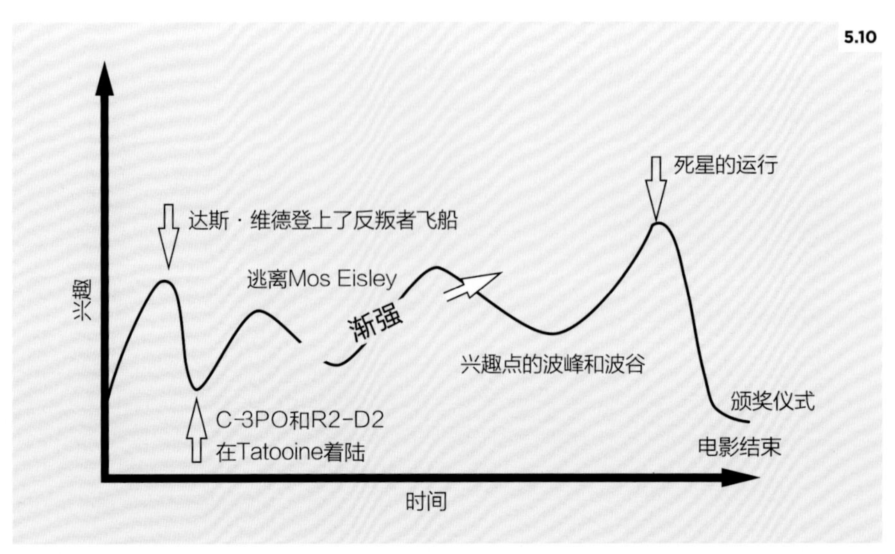

5.10

一个电影中兴趣曲线的例子，《星球大战4：新希望》(Lucasfilm, 1977年)。简单来说，在动作、冒险类电影中你可以看到许多波峰和波谷，接近倒数第二场戏时，波峰和波谷会被强化。叙事性或动作性的游戏也会设计一个非常类似的兴趣曲线。

电子游戏的兴趣曲线不仅贯穿游戏始终，而且也存在于每个关卡等级中。关卡等级中的兴趣曲线与戏剧中一场戏的兴趣曲线和电视剧中一集剧的兴趣曲线更相似。兴趣曲线就像是不规则碎片，被游戏设计师安排在整个游戏之中（变化曲线）。同样，在每个关卡等级和每场戏中也是如此。每一个曲线都包含着游戏的整体故事的元素。例如在《刺客信条》（Assassin's Creed）中，最终是要打败圣殿骑士（Templars），每个关卡等级都有一个主线任务，比如杀一个圣殿骑士首领。每场戏的线索，都是在揭示另一个圣殿骑士的藏身地。

关卡设计的一个原则就是：它是安排故事讲述和故事节奏的方式。角色可以看到或遇到什么，关卡等级中的其他对象是如何与角色联系的，以及关卡等级是如何与游戏整体相关联，这些都是的游戏关卡设计过程中的重要步骤。（游戏关卡设计在第八章和第九章中提到）。在一定程度上，兴趣曲线是控制玩家参与到整个游戏的一种方法，而设计师通过游戏节奏，控制兴趣曲线。在游戏《美国末日》（Last of Us）中，很重要的一点是，游戏设计师懂得如何安排战斗的点（与被感染者战斗)和故事发展，再加点平静的时刻（如安排一只长颈鹿），来达到曲线的平衡。

5.11

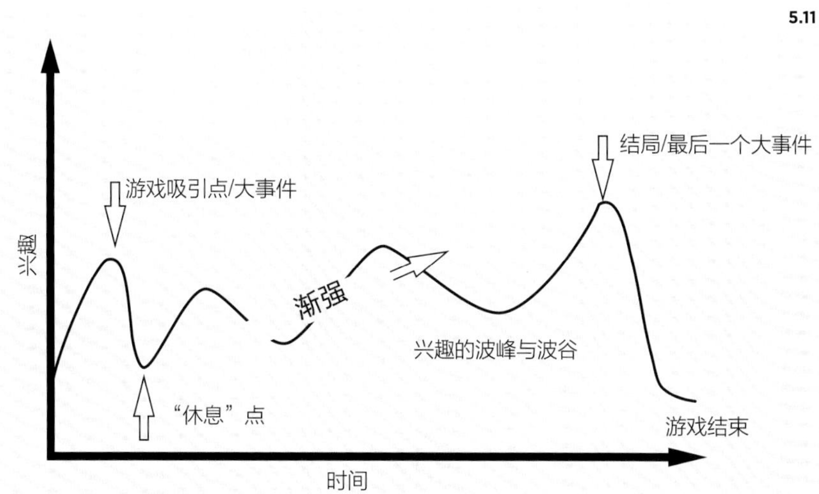

5.11

这是大部分叙事性游戏的兴趣曲线，也是在《美国末日》和《生化危机》中特有的。

节奏

兴趣曲线是游戏节奏的产物，既可以是单人游戏的模型，也可以是多人游戏的模型。例如，在《美国末日》中，情节如何驱使动作点和进入点是非常明显的。但是在多人游戏中，例如《使命召唤：现代战争3》（Call of Duty Modern Warfare 3，Infinity Ward，2011年)中，有的“章节”——被称之为模式。每个多人比赛都是固定的，并且有目标与节奏（重载、隐藏、跑步、战略等等）。主菜单选择区域就像是一个节奏的选择点。它们是对时间的一个反应，让玩家“暂时离开”或准备开始下一场比赛。

用节奏设定基调

节奏和兴趣曲线是一种形式的说服机制。当你在创作第一个波峰时，你就设定了接下来的游戏基调。这是我们从电影和电视中学习到的一种约定俗成的规则，在动作/冒险游戏中非常流行。在创建第一个高潮时，就会引出主要人物，在他/她的世界中，通常也会引出主线任务与玩家/英雄存在的理由（龙回来了，世界已遭到入侵等）。例如游戏《神秘海域2：德雷克船长的宝藏》（Uncharted 2：Drake’s Fortune，顽皮狗工作室，2009年）的开场向玩家介绍了，纳森·德雷克在失事的火车里面醒来，接着我们会发现火车在一个非常危险的边缘。这正是在整个游戏中角色都要反反复复进入的危险状态。随后，纳森在火车就将坠落到峡谷底部时逃离。正是这一系列限时的跳跃和闪躲，给玩家介绍了大量的游戏方法。一旦纳森逃离了火车残骸，一系列动作停止，通过剪辑效果，玩家看到了纳森在一家热带酒吧，远离了刚才我们看到的动作画面。游戏开始转向叙事，借此调节游戏节奏。

5.12

游戏《神秘海域2：纵横四海》（Uncharted 2: Among Thieves）中，通过把玩家丢进一场火车失事的动作戏中，立刻为游戏设置了一种动作/冒险游戏的气氛，随后主角的“幸运”逃脱，与山地环境的设定，让玩家很快地融入到了游戏的节奏中，接着又是行动、再间歇、再行动。

5.12

5.13

《战神2》（God of War II，SCE Santa Monica工作室，2007年）是一个开放性序列的游戏，游戏建立了犹如史诗般规模宏大的、奎托斯与Boss的大战。这场战役对玩家来说只是引入，因为游戏的前提是宙斯的背叛。罗德岛巨像战役作为导入，向玩家介绍了许多玩游戏的方法。

主线、场景和行动

作为一个设计师，你应该通过玩游戏、解构游戏来测试它们的曲线和节奏。节奏分为三个部分：主线、场景和行动。

主线：将片段串起成为整体，代表了游戏中的兴趣和参与曲线。（在电影或文学中，这是故事线）

场景：每个场景都是游戏的一个分单元，它可以是一个关卡等级，甚至是关卡等级的组成部分。例如，城市里的一座建筑，它是一场重要战斗发生的地点在游戏《机器战争2》（Gears of War 2，Epic Games，2008年）中，从坍塌建筑里逃脱的片段，就是大关卡的一部分。每个场景都有它的兴趣曲线，每个场景中都是一样的，但是这并不意味着内容保持不变。相反，每个场景都有一些可预测性。例如，在《机器战争》中，玩家战斗并通过许多相对较小的区域，在通过最后的关卡时来到一个更大的战斗区域，这些相对较小的区域就是最后大区域的基础。通常有几个场景（有时是过场动画）是可以接触到最后大的战斗区域的，但是它们都遵循一个可预测的模式。

5.14

5.14

给《肯塔基0号路》写主线和剧情比给传统媒体写更具有挑战性，因为游戏有互动性。通常，玩家会希望在场景和情节线之间切换，想重新对话、回到情节点。

行动：这是游戏的特定时刻，通常与游戏玩法相联系。兴趣曲线的行动部分可以是某种特殊力量的终结，也可以是运用游戏中特定的武器。每个游戏的这种感觉都是特定的，它也是游戏节奏的一部分，许多人都忽略了这一点。节奏的元素可以构建在许多内容中，比如，玩家拿到某种枪并瞄准的时间或是拿出存货的时间（太快拿到物品，会使玩家在一些重要的战斗中感到毫无压力。太慢的话，随着时间的推移，玩家会受挫）。又或者是玩家在僵尸的进攻中治愈的时间。动作可能会持续一秒或几秒，即使是这样，每个动作（从一个跳跃到一个斧头的使用动作）都要审视与整体的兴趣曲线的联系。

兴趣曲线的所有部分都很重要，行动是否是最重要的值得论证，因为它是玩家在游戏中做得最多的。一个不好的跳跃曲线或是一个太慢的瞄准动作的曲线足以毁掉一个游戏，好一点的情况会让游戏使人感到“脱离”。兴趣曲线可以应用在游戏中的许多方面，不仅应用广泛（曲线），也是非常具体的（行动）。当你在设计这些元素时，其他游戏也值得去研究，可以从中吸取那些适用于你的游戏的良好的时机、节奏和兴趣点。在分析其他游戏并追踪它的节奏和兴趣曲线时，电子表格是个很有用的工具。这可能不是最具创造性的工具，但当你考虑在游戏中设计时间和事件，以避免让玩家变得无聊、困惑或兴奋时，电子表格是保存所有数据的好方法。你可以为每一章的行为设定时间框架（或是在游戏中所花费的时间），并开始追踪玩家产生兴奋、心流、兴趣以及其他情绪状态的时刻。

案例研究：《到家》，游戏气氛的探讨

《到家》：概念

Fullbright公司是一家制作独立游戏的工作室，2012年3月成立于美国俄勒冈州波特兰市，公司的联合创始人是史蒂夫·盖纳（SteveGaynor），乔诺曼·诺桑觉（Johnnemann Nordhagen），和卡拉·齐莫加（Karla Zimonja）。团队参与制作过多个游戏：《生化奇兵2：Minerva's Den》的DLC，2KMarin，2010年），《幽浮：未知敌人》（X-COM，Firaxis，2012年）和《生化奇兵：无限》（Irrational Games，2013年）。工作室的最近一次合作是作为一个小型团队，与当今领先的作家兼设计师史蒂夫·盖纳合作，负责《生化奇兵2：Minerva's Den》DLC的制作。

在这个案例中，史蒂夫·盖纳提供了自己对游戏《到家》气氛设计过程的深入理解。

“在曾经制作的游戏中，我们专注于探讨第一人称视角氛围和游戏故事的发现，并且在整个游戏中我们都想做到这样。一旦我们有了这个理念，我们必须给它一个形式。我们只是一个小团队，因此知道一个地点比一个广阔的世界更具可行性。我们把一所房子定为一个游戏的环境，随后就出现许多其他问题：这房子是谁的，他们的家人有谁，他们的故事是什么？从‘玩家正在里面做什么，如何做，他们所做的具体内容或环境是什么’这个视角开始是非常重要的。探索一个地方并发现那里发生的事情，本来就是非常有趣的。一旦我们有了这个核心概念，我们就可以开始制定详细特征了。”

5.15

Fullbright 公司第一个游戏的标题画面，具有唤起恐怖和悬念的叙事效果。

《到家》的制作

“游戏《到家》的制作大约花了17个月。这个工作室的三个联合创始人从3月开始投入到整个游戏的创作中，7月的时候3D艺术家凯特·克雷格（Kate Craig）加入了团队。这是一个很小的核心团队完成的合作项目。我们还请了克里斯·雷诺（Chris Reno）作曲，并让其他艺术家制作海报和其他的东西。”

“通过在制作其他游戏时获得的经验，我们知道在制作游戏时，事先定好的计划是会改变的，所以我们就决定直接去做。我们都对想做的游戏感到兴奋，在制作前期，需要列出使游戏更具真实性与可玩性的具体的点。我们是在得到《生化奇兵》授权的时候才开始讨论这个游戏的，一些概念性的基础工作已经定了下来。在我们搬到波特兰市前，史蒂夫写了一个设计文案，里面涵盖了一个基于探索的叙事游戏所有的主要特点。一旦我们在背景、角色、美术风格上来来回回讨论定不下来时，我们根据文案就知道游戏应该如何开展，所以我们能很快地构建出能让玩家探索的游戏物理空间。”

“这个游戏是根据unity引擎制作的。主要是因为它的功能强大，能解决很多问题。我们知道在制作这类我们想要的游戏时，它是非常有用的。”

5.16

玩家看到的第一个艺术道具，渲染了紧张和神秘的叙事氛围。纸条上写着：“凯蒂，我很抱歉，我不能也不可能来见你，求你不要去打探并尝试找出我在哪。因为我不想让爸爸妈妈及所有人知道我的位置。总有一天我们会再相见，不要替我担心。爱你的——山姆”。

“对于这些设计，在3D美术方面，我们用了Maya，在2D美术方面，我们用了Adobe Photoshop与 Illustrator。卡拉几乎完成了所有我们2D美术方面的工作，而凯特用Photoshop来制作3D的美术的材质贴图。乔诺曼使用Visual Studio来制作游戏程序方面的设计。用Audacity来编辑音频，用Notepad ++来制作脚本。我们尽可能使用行业标准或免费的软件来完成这些计划。”

“快速的游戏模型设计是预制作过程中的一个关键部分，我们想知道你是否会按照我们原计划的那样使用道具——在这个环境中，点击纸条你可以阅读它并翻来翻去，这应该是一个相当流畅的过程。当游戏环境和游戏玩法定型后，史蒂夫开始编写音频日志和记录内容，而我们会把它们放到游戏中，如果可以用，就确定下来，如果感觉不合适的，我们会把它放到一边。因为游戏环境是相对简单的，没有必要让所有的一切都拿来装门面。我们的前期制作是建立一个一致的游戏基本发展线，有些东西我们可以完全使用，然后我们开始发展的故事、环境和氛围。制作的成功点在于，一开始我们就有一个明确的、有特色的、相对完整的计划（不用太去注意细节），并且我们坚持履行着这个计划，专注于它的设计，把设计尽可能地做到最好。这是在实现一个我们共同的愿景。”

设计情感体验

“当我们考虑在游戏环境中制造紧张氛围时，我们更乐意使用一个大家都熟悉的设定。我们用了一个刮着暴风雨的夜晚和一所昏暗的大房子。从这个非常具体的环境去着手是不错的，因为所有人都在这样的环境里呆过。许多玩家都曾经在一个陌生的空房间里呆过，并且我们知道如何挖掘其内在的情感。借鉴个人的体验来丰富游戏的真实性是一种捷径。鉴于这是一个人们（无论大人还是小孩）已经体验过的环境，它很容易带来恐惧和不安，因为通过游戏，使玩家想起了这些情况下的情绪状态。在很大程度上，它允许玩家的想象力和假设为我们使用。然后我们就可以回到了吱吱作响的地板和‘鬼屋发出的声音’上，以及开场的音乐和前门的便条。这一切都指向了一种‘不祥的征兆’，不需要我们给玩家任何其他的信息。这样做的目的就是用这种不安和紧张感来吸引玩家进入体验，让他们不由自主地想要去了解发生了什么。”

“然后我们就能从最初的‘进入’（登入）过渡到玩家关注的内容，因为他们已经投入到人物和故事中，并且想找出之间的关系，玩家能通过感觉知道一个怪物或连环杀人案的杀手会在任何时候跳出来，出现在他们面前。这是一个细微的转变，紧张感一直存在并往外扩张，但是随着时间的推移，我们希望玩家专注于调查和探索方面。我们想纠正他们‘这是一个纯粹的恐怖游戏’的理念，新的理念是角色的发现很重要。

5.17

气氛完全是通过设置、环境的美术效果和玩家自己对游戏的心理预测来表达的。

本章小结

设计一个可以玩的游戏方法是相对容易的，许多游戏只做到了这点，因为它是游戏设计上一条困难最少的道路，并且设计师可以控制所有的游戏元素（跳跃、射击、拍打等）。设计一个能引发玩家情感的游戏更难。你希望唤起玩家的情感，这是非常困难的，但对玩家来说却更引人入胜和值得纪念。例如实验性游戏《花》（Flower），《浮游世界》（flow）和《风之旅人》（journey，That game company工作室）游戏的重点就放在创造一种体验上。许多游戏设计师要面对的问题是，大多数玩家说他们只是想在游戏中玩得“开心”。开心是主观的，对一个人来说这是开心、有趣的，对另外一个人来说却可能不是。玩家真正想要的是一个有价值的体验。电子游戏设计专注于提供有说服力的、由事件引发的体验，在体验中玩家忘记自己是在玩游戏，并沉浸在游戏的个人体验中。

讨论要点

1. 哪一个游戏是最能引发你的情绪状态？那些情绪是什么，这个游戏是怎么办到的？这些情绪可以是你儿时玩《阳光马里奥》（Mario Sunshine，任天堂，2002年）时感到的开心情绪，也可以是游戏《死亡空间》的幽闭和一些吓人彩蛋带给你的恐怖情绪。

2. 为了进一步理解兴趣曲线和节奏，对小游戏和长时间的游戏的兴趣曲线进行对比。例如《愤怒的小鸟》和《美国末日》，从比较中我们可以更深入地认识到这些游戏是如何引发玩家持续的兴趣的。

3. 想一想那些曾经引起你最大情绪反应的游戏。游戏设计师是如何将情绪和你联系在一起的？如果你现在再去玩这个游戏，当时的那种精神状态是否还存在，或者是否有改变？

参考文献

Csikszentmihalyi, M. (1990), Flow: The Psychology of Optimal Experience, New York: Harper & Row.

第三部分
系统和设计世界

第六章：
计划、准备和
游戏测试

本章目标：

- 使用计划和准备模型
- 欣赏迭代是设计过程中的一部分
- 创建设计文件
- 理解游戏测试和质量保证

6.1

《黄金眼007：重装上阵》，由动视公司（Activision）开发（2011年）。

准备阶段

在前五章中，我们一直在讨论和探索概念方面的电子游戏设计。我们现在将谈到电子游戏设计的实用领域，并开始准备（有时被称为预生产）。准备是一切，特别是对于大游戏而言，当然小游戏也是如此。一个游戏的发展，如果没有周密的考虑，将在未来的发展过程中出现不可预见的后果。许多关于延误游戏的抱怨是，他们被“计划外的发展问题”所耽搁。适当的规划可以让所有的“利益相关者”（参与设计过程中的每个人）在沟通的基础上，确定现实可行的最后期限。

缺乏经验

开始设计游戏的关键是你需要成功地规划和制定时间安排，这些都基于经验之上。本章使你了解一些常见的陷阱并学会最佳的应对方式，在最好的情况下，预先警告，最坏的情况是，准备犯错误并将其放进你的时间规划。你不可能兼顾到每个方面，但你可以学习如何采用高效的规划方式避免犯错误。在制定计划雏形及资产创造的阶段，即使是少量的检查也可以尽可能多的提前规避潜在的隐患。

这就是为什么要掌握游戏设计课程的原因，不仅是为讲师提供有用的专业知识，更让你明白在一个给定的时间内什么是可以实现的，什么是可以因时间有限而削减的。在每一个课程中，我都着重于游戏设计，学生们想出了一个绝妙的想法的游戏，将采取团队合作并花费多年来制作。学生们必须简化工作和精简概念，要把重点转向一个可实现的、可交付的游戏。这个过程本身就是一个非常有用的实践课程。制作一个原型或“概念证明”的游戏可以在短时间内实现。如Global Game Jam（参与者有48小时的时间来创建一个可玩的原型）是极其集中的一个很好的例子。在我所教的游戏课程，我的学生都在六到八周使用游戏引擎，如：用Unity、clickteam Fusion 2，Game Maker或Game Salad创造了一个原型。如果任务是赶制一个游戏或建立在现有的游戏上，那么游戏Demo可以在几个小时内完成。

创建一个原型是一个很好的开始，但它不是整个游戏。一个FPS概念或风格的RPG游戏的原型是很有创意的想法，但是如果你想创建一个完全实现可玩的游戏，是需要一些时间、反复和规划的。

计划赶不上变化

当和我的学生工作时经常会将重新创建现有游戏作为一种方式来了解不同的机制。在课堂上，我们创建了一个模仿的游戏，一个版本存在的（通常是很简单的）游戏让学生开始解构一个游戏。学生必须使用自己的艺术作品和音频，还可以改变至少一个方面的机制。这可以得出即使在现有的游戏中创造简单的和直接的变化也是可行的。

有次一个山寨游戏被制作出来后，我们开始规划一个新的游戏。对制作过程建立了解对你选择路线和创造游戏非常关键。每个游戏都是不同的，每个团队也是不同的。有些游戏生产周期很短（正如我们在第五章中看到的，《回家》就是个制作时间短的案例，拥有扎实的技能的开发人员在一起工作一段时间就完成了）。其他游戏存在延长制作时间的现象。例如，游戏《传送门》（Valve，2007年）《生化奇兵》和《辐射3》（Bethesda公司）因其见长的生产周期而出名。《生化奇兵》不合理的原始文件被上传在这个网站：http://irrationalgames.com/insider/from-the-vault-may/。最终推出的是有明显不同的游戏，它最初是一个基于《系统冲击2》（Looking Glass Studios，1999年）的科幻游戏。关键是要为团队的工作制定一个计划，在承受外界的压力的过程中，有足够的灵活性来完善。

6.2

前期规划在很大程度上决定了未来的游戏样貌，比方说是否像桌面游戏《外交》（calhamer，1959年），《风险》（帕克兄弟，1959年）和《生化危机5》（Capcom，2009年）一样，在游戏中包含合作模块。回答尽可能多的问题，使团队能够建立一个不断发展的原型。

玩家编号机制

从一个游戏开发者的角度来看，当考虑游戏和策划的游戏机制的原型时，第一个想到的应该是“有多少玩家在那里？”第一人称射击游戏可以有单独的单人模式或合作游戏和多人游戏，而《银河马里奥》是一个设计为单一玩家的游戏。在概念化游戏开发过程中，提前考虑玩家数量是非常重要的环节，因为它决定了后期很难更改（成本高昂）的主要游戏机制。当设计玩家数量时，理解游戏中真正需要多少玩家是非常重要的。修正玩家数量很大程度上就是构建游戏——设计流程中的每一个环节都来自于玩家交互模型。

在他们《游戏设计工作室》的书中，特雷西·富勒顿和克里斯托弗·斯维因（2004年）探索游戏机制和玩家之间的关系是“玩家互动模式”。这些都在将来自平板游戏的视角转化为电子游戏时保持良好。富勒顿和斯维因的交互模式：

- 单人对战游戏（《美国末日》《生化奇兵》《羞辱》）
- 玩家对玩家（《战争机器》《魔兽世界》）
- 多玩家对战（部落模式，MMORPG游戏）
- 单边竞争（玩家与玩家）
- 多边竞争（MMORPG游戏，《使命召唤》）
- 合作游戏（《生化危机5》《战争机器》《生存之旅》）
- 团队比赛（《魔兽世界》《战争机器》《疯狂橄榄球》《国际足联》）

设计一个电子游戏时，决定玩家机制的关键是：

1. 游戏中需要多少人？

单个或多个。合作游戏可以由1个玩家进行，但在头脑中更多的设计的是与2个或多人玩家，单人游戏是专为一个玩家设计的。玩家数据定义游戏机制、规则和游戏领域。一旦游戏开发正在进行中，增加多个玩家是一个昂贵且常被错误执行的构想。

6.3

《生化危机5》是从一开始就设计为两个玩家的合作游戏。如果独自游戏，游戏会为角色舍瓦使用人工智能以适应个体玩家。

2. 有多少玩家被允许?

一场游戏如三连棋游戏可以以两人或单人来对抗电脑对手。其他游戏是在一个灵活的范围。例如，棋盘游戏需要2至8名玩家。它不能单独游戏，它也不能有9个玩家。每一个游戏机制的设计都服务于满足一定数量的玩家需求，并且为了这些玩家而做出平衡性调整。对于《大富翁》来说，8个玩家并不会比4个玩家更有趣；无论8个玩家还是4个玩家，它都卖的一样好（虽然4人以下的卖的不理想）。

3. 玩家有没有统一的角色?

《国际象棋》和《垄断》（马吉达罗，1903年）中已经建立的角色永远不会改变。《国际象棋》是单人游戏，没有合作模式或多人小组模式。游戏如外交游戏或大战役游戏，设置玩家与其他玩家为勾结起来，支持或打败对方。在这里角色在朋友和敌人之间不断变化，这种转变是设计成游戏的机制，并定义了它。在电子游戏，特别是角色扮演游戏（RPG）中，人物可以有多个角色。一个玩家可以是一个治疗者，也可以是一个战士，或者一个小偷，他同时也是一个法师，等等。

6.4

《泰坦陨落》（Respawn Entertainment，2014年）是个只能多人模式的游戏，需要多个玩家在网上比赛开始的时间上线。游戏开发者并没有保守地遵循这条路线，因为一旦游戏中的玩家流失被公开，游戏就变得毫无意义了。

初始原型

第一步是游戏理念：思考游戏世界、故事、你想要什么样的体验，以及如何使之成为一个游戏。在这个阶段，你可以借用大量现有的主题（拯救世界、愿望实现），你甚至可以通过机制实验来尝试游戏的最佳形态。一旦你有了一个初始的游戏想法，你可以转接到一个简单的原型来测试这个想法的可行性。

最好的原型开始是在纸上，有时在纸上，但更经常是以数字化的形式。数字化的优点是，当在一个团队中工作时，原型更新和文档可以共享到世界任何地方。使用免费的工具，如谷歌Docs能够更好地互动，这样没有一个成员需要担心失去或忘记带那张重要的纸去开会。有这么多的免费和自由使用的游戏引擎，而且简单易学、上手也快。设计思路应迅速采取行动，转化为可玩的原型，这样的开发中的问题能得到快速解决并进行经验总结。现在，电子游戏设计非常注重创建第一个原型，然后用它来指引后续规划。基本的原则就是要有一个游戏引擎，尽快在屏幕上获得一些东西，然后再进一步完善。

一个快速设计的原型也将使你专注于游戏的实际属性。在设计初期阶段，一个非常好的尝试就是为你的游戏准备30秒的“电梯法则”描述。如果那时你无法解释你的游戏是什么，那你真的不了解你想要什么或者你在做什么。

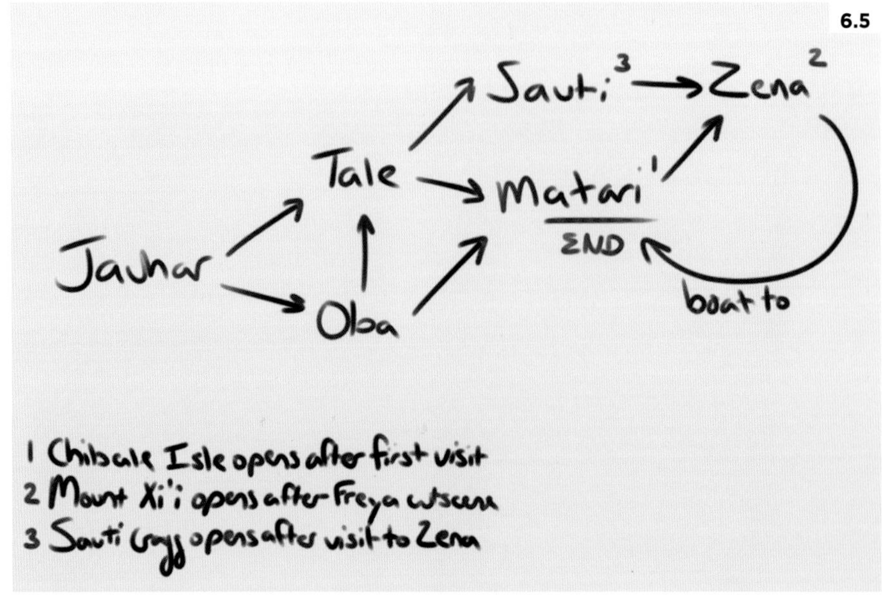

6.5

学生维多利亚·皮门特尔（Victoria Pimentel）创建了一个RPG游戏，在最终确定前在纸上勾勒出大致的多条叙事路线，随后她将把它变为数字化。

6.6

- THE CHIEF STOPS
- THE CAMERA MOVES UP TO HIS FACE AND PUSHES IN

6.6

这是基于游戏《光晕3》（Bungie公司，2007年）的电影作品而起草的分镜头脚本。虽然这是一个动画故事分镜，但同样的方法可以应用于简单的交互和固定相机的角度和位置。

迭代循环

从平面设计到服装设计，再到电子游戏设计，所有的设计都有迭代的过程。迭代是："做某事，测试它，从中学习，不断重复。"

这是策划游戏时的一个理想循环。见下图6.7。

循环不设置时间，因为早期原型开发的迭代周期将非常快，有多个变化。随着原型的提高，迭代速度减慢，并且有更小、更精细的变化发生。

正式的过程通常包括以下步骤。

概念开发：

- 顶层概念或游戏的简要说明。

设计阶段/预生产（预生产是有争议的术语）：

- 概念或目标的文件（游戏的卖点，盈利能力的文件）。
- 游戏方案/计划（更大、更深入的文档，包括游戏、风格、硬件平台、功能、设置、故事、目标观众、预计进度，团队要求、风险分析）。
- 原型。

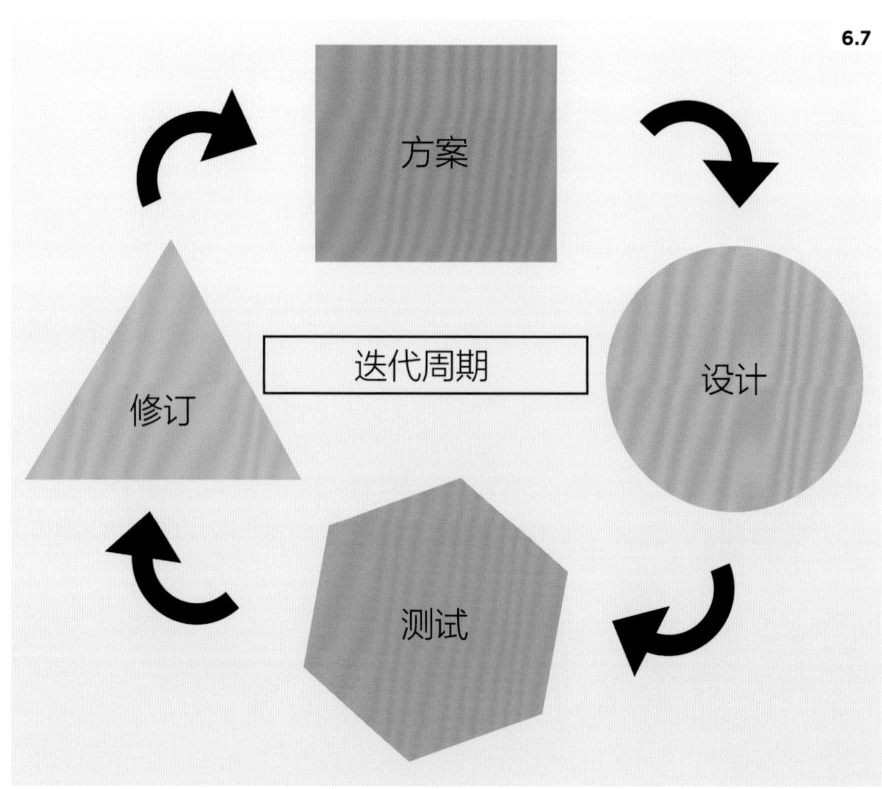

6.7

迭代周期：方案—设计—测试—修订。

生产：

- 游戏设计，对设计师或团队的愿景的实现。
- 编程，更加复杂和庞大的原型。最后的游戏引擎工作。
- 创建关卡。
- 艺术生产。
- 音频制作。
- 测试和质量保证（QA）。

里程碑（通常由发行商设置，但也可以在内部设置）：

- 试玩。游戏视觉化包括角色和场景环境艺术设计，可以呈现出最终游戏作品的视觉风格。
- α 版本。执行的关键性游戏机制和视觉元素。α是完整的特征描述，但是可以基于测试和反馈进行修改。
- 代码冻结。没有新的代码被添加到游戏中。相反，重点是错误的修正。
- β 版本。游戏是完整的，所有的功能和资产，只有修复是基于测试反馈的。它本质上是修改游戏。
- 代码发布。修改完所有明显的程序错误后，游戏准备好发送或者给游戏机制作商审查。游戏质量监控进一步测试游戏以保证游戏的品质和稳定性。
- 最终版本。确定最终输出游戏版本。

后期制作：

- 维护。一旦游戏公开发布，错误和硬件的问题需要相关解决的补丁来解决。
- 定位。如果游戏发布到多个市场，团队将致力于翻译、更新内容、新的配音等。

所有这些阶段的规划、设计和制作都是很重要的。下一部分强调了一些值得进一步探索的细节，因为它们是设计师可以触及的地方。

设计阶段1：固定的视觉效果

如果原型是可行的，那么是时候将其引进到一个艺术团队，并开始按照其艺术风格制作。重要的是，艺术家们已经看到了原型，这样他们就可以判断该艺术风格是否能有效地与机制结合。例如，一个富有的中世纪第三人称格斗游戏在横轴美学上不太讲得通，因为摄影机根本展示不了时代和环境细节。从游戏原型来讲，艺术家在考虑关卡细节时需要考虑是否基于玩家视角来设计。因为游戏原型是游戏机制的基础，艺术家可以就游戏引擎的约束和限制进行技术性沟通。

这可能是多边形预算（在预想平台中怎样的模型精度可以保证游戏运行的流畅）；最大肌理分辨率（三维）游戏；然后是其他的元素，比如游戏中物体大小和规模，动画数量，每个物体的状态数量（例如，如果游戏角色或环境的受损和受损的状态），和细节层次（大部分是在第八章和第九章中涉及）。这里艺术家和设计师要充分研究游戏的技术细节和即将运行的平台。PC平台看似最容易，但其实是最个性化的，它需要最简化、最灵活和最高技术标准的设置。

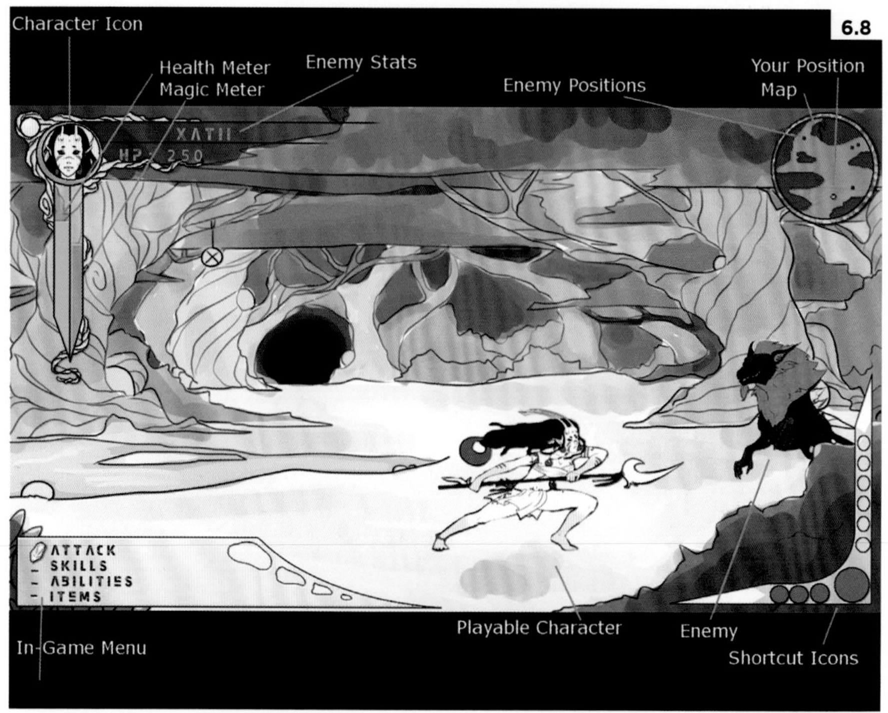

6.8

从学生维多利亚·皮门特尔的游戏屏幕草图来看，在这份文档中，皮门特尔策划一个角色扮演风格游戏，在呈现在玩家之前，她用简单图形来思考布局设计以及与屏幕匹配的界面信息量。给其他团队成员和（或者）股东展示美术设计草图以获得客观反馈。

从创意的角度看，游戏世界的环境、人口和游戏界面的外观和感觉也有其他的考虑因素。艺术，就像编程一样，需要很长的时间才能完成。如果很晚才决定要把中世纪环境改为科幻的反乌托邦未来世界，那么这是一场彻底的灾难——这就是为什么在最终确定美学风格之前，你需要基于游戏引擎和硬件技术约束不断回溯和修改草图，直至完稿。艺术是很重要的，因为关卡设计、人物设计和环境机制必须迎合审美，使之成为一个风格统一的游戏。

6.9

6.9

在创建我的游戏《教授安吉尔日记》的时候，在《亡命徒》背景设定为20世纪20年代的美国之前，我对于美术风格进行了多次调整。这个设定为探险类游戏[相同类型的有《到家》，中文房间工作室的《万众狂欢》（2015年），以及Flying Café for Semianimals公司的《摇篮》（2015年）]提供了叙事和历史美学元素，用文字和交互来揭露基于霍华德·菲利普·洛夫克拉夫特神话狂热分子的阴谋诡计。

设计阶段2：角色、摄影机和控制设计

当思考游戏机制时，尽早考虑到玩家视角非常重要。玩家如何与游戏互动？他们可以看到什么，以及他们可以如何与之互动？这部分的原型过程是以机制为基础的，分为三个部分：

角色设计不仅仅是关于角色的外观，它也是关于玩家如何与世界的连接以及角色如何移动、跳跃、射击等问题的设计。在这种情况下，“角色”可以指任何游戏元素：它可以是一辆车或一辆坦克和一个人或马里奥。正如我们问的是关于游戏定义的机制，我们也必须问：“游戏的角色是什么？”

摄影机设计原理也是如此：选择一个聚焦平面，并探索摄影机如何跟踪玩家的运动至关重要，构建玩家和世界之间的关联。你甚至可以将摄影机想象成一个角色，因为它是否能完美支持游戏执行决定了游戏的成败。挪动几英尺摄影机机位，一个看似简单的改变可以成全或者毁掉整个游戏。所以，当然，技术性条件如下：摄影机应该在哪里被“卡住”？它应该如何跟随角色通过一扇门？它应该以怎样的速度移动？等等。

在游戏构建的最初阶段调整美学和摄影机设计。外界看来，在第一人称视角和第三人称视角之间进行选择带有随意性，但是这个决定确定了不可更改的叙事视点、美学透视和与角色的特定关联。第三人称视角会涉及到更多工作量，你需要呈现角色动画、运动、打斗，等等。

控制设计可以基于相关的平台便捷性（玩家偏好）来设计，比方说在PC端用鼠标左键开火，Xbox 360操控手柄右手扳机，等等。手柄可以五花八门；比如，游戏《兄弟：两个儿子的故事》（Starbreeze工作室，2013年）在游戏机手柄上同时使用两个摇杆控制环境中的两个角色。

6.10

游戏《行尸走肉》（2012年）在情节上有许多的惊喜、曲折、紧张，所以他们就要用“纸巾”测试者。这些测试者只使用一次，因为他们从来没有玩过游戏，也没有被重复使用过。

制作测试

即使创建早期原型时，设计师也必须测试游戏，因为它需要一个全新的观察，如果仅仅让设计团队来测试的话，会导致因过度熟悉而遗漏明显的问题。在本章的下一节中，我们将考虑一些最佳的游戏测试方法。这不是一个详尽的清单，不同的工作室有不同的方法来测试。所有的测试都是在为玩家制作一个更好的游戏体验的服务。

没有自尊心

最诚实的游戏测试方法是简单地测试和观察他们。测试的重点是使你的游戏变得更好，而不是迫使测试人员喜欢你的游戏。作为一个设计师，你必须给测试人员空间，以发挥他们的特长，你必须审阅和吸收大量的笔记。你的游戏不应该只是一个人测试，在初始阶段，它必须接受很多人测试，因为它这时是最有可能出问题或不稳定的。那些设计团队之外的人会创造大量的负面反馈。四或五个人一组能够提供足够的关于游戏风格的感受，并且给你一个关于原型的有价值的反馈。如果每个人都被困在相同的地方或无法理解你的困惑，那它需要时间来修改和重新测试。如果四五个人都找出某个失败点，那你更可能在正确的轨道上。

如果你很早以前就开始测试这个游戏，你就要用不同的测试者来测试。当一个测试人员熟悉这个游戏的构建时，她或他将永远不会有初始反应。要积累了一些潜在的测试人员，他们中的一些人直到它最终完成才开始玩（或者至少在它获得更多开发的时候）。

6.10

尽量不要固定在底片

在第一次测试中，你最有可能问测试者的问题是“你觉得游戏怎么样？”而不是具体的细节。当你对测试员们提出游戏相关的问题时，你不要太过重视一个测试者负面或正面的评价。如果你在意就很难得到反馈来改进游戏。例如，尽管我已经教了十年，我对像学生一样保持着批评的心态还是很惊讶。教师批判的目的（和测试人员的反馈）是不打击学生，而是使学生成为一个更好的设计师。在工作中一般听不到批评，因为工作往往是个人性质的。

很难采取一步一步查看的方式去浏览测试人员的文本分析。当你正在测试过程中时，你必须以尽可能多的方式去看所有的结果。通常游戏测试员跟团队一样，希望游戏是最棒的，但是如果他们只会考量表面价值和孤立评价，那么这些个人化意见会适得其反，所以你需要看的整体意见和反馈。另一方面，你不能对你的游戏傲慢自大，并认为测试人员是愚蠢的，不理解你显而易见的才华。测试人员是你的听众，这一点永远要记得。

得到你所需要的

一旦你把外部的人带到游戏测试，你需要知道你想从他们身上得到什么启示，什么反馈将是对你或你的团队来说是最有用的。

第一个问题就是你将展示出游戏的多少部分。不同的游戏程序测试很可能需要在游戏的不同部分中进行。比方说，如果游戏中有简单或复杂的解谜内容，让测试员花上几分钟甚至几小时来找到解谜方案是没有任何意义的。你需要为了让他们反馈更有价值的部分而设置省略步骤。也许你想测试格斗脚本，或者是恐怖游戏中的惊吓。你需要基于游戏原型全部通关后从测试员角度宏观评价游戏整体流畅性。你必须深入到每一个游戏场景去获得你想要的东西。游戏测试的主要任务就是，问问看他们从游戏中获得的游戏体验是否与你设计游戏的预期一致。

不同的方法和种类的游戏测试依赖于游戏和工作室开发的规模。也有特定的测试流程，在生产过程中发生的特定时间测试，如浸泡测试、本地化测试和负载测试。我将在本章中专注最主要和最有用的方法，并希望你通过访问本书的网站：www.bloomsbury.com/Salmond-Video-Game，去寻找一些与测试相关内容。

聚焦群体玩家

他们通常被市场营销人员用来确定人们对游戏（往往是游戏原型）的认知、观点、信仰和态度。团队性的交互行为使得聚焦群体玩家非常有价值；单一测试员很可能极快脱离游戏机制或者设计，但是他会被一群人鼓动和说服。当然对立会存在，自由和开放的交流比收集数据更重要。

质量保证（质量保证测试）

根据游戏的规模，质量保证团队可以在内部测试或外包给一家私人公司。测试开始于第一个可玩的原型与后期制作。QA测试员通过报告系统寻找游戏的Bug（有时是一个电子表格，有时用软件如Atlassian JIRA），然后反馈给设计团队和程序员。Bug被分为A、B、C三级，A级错误是至关重要的，可以防止游戏的传送。B级程序错误是指除非存在多个B级程序错误，否则不会影响游戏运行但必须修正的错误。C级的错误是小的或不清楚的问题，可以最后处理或发布补丁。

QA团队关注于游戏将会发布到任何一款游戏机上的合规性问题。每一个游戏机制造商对自己的平台都有极为严格的技术要求。一个QA部门并不需要深度介入技术部分，但是需要找到与标准格式不匹配的错误信息，处理商标和版权材料以及未达到期望的游戏评级而撰写的报告材料。PC平台上也有兼容性测试，测试团队会在不同硬件配置的PC端测试游戏。

可用性测试

可用性注重效率最大化和玩家满意度。可用性涉及许多，但是也可以简单到用一张地图上的一个颜色来表达不同信息（让玩家费解），或者玩家发生了某些不愉快后缺少反馈，也或许是在某个道具无法使用时（玩家需要反馈）。可用性问题出现在游戏的各个方面，直接关系到什么会阻挠玩家或什么会阻碍玩家积极地吸取经验。这种反馈通常来自于专家，一旦这个初始测试完成后，可用性测试人员邀请预期的受众玩家玩游戏。

专家将在游戏中给玩家特定的任务，并鼓励玩家在游戏中尽可能多思考。专家通常会打断玩家提出具体的问题，然后分析结果。专家首先分析他们自己的反应，根据他们关于其他游戏的了解，然后邀请其他人，并观察他们的反应。可用性团队将提供一个详细的和优先级的问题列表，以及解决方案（这是一个有用的快捷方式）。

6.11

可用性测试仪主要集中在游戏的元素中，如库存系统和接口，并提供反馈，这对玩家而言简易而直观。《暗黑3》（暴雪娱乐公司，2013年）。

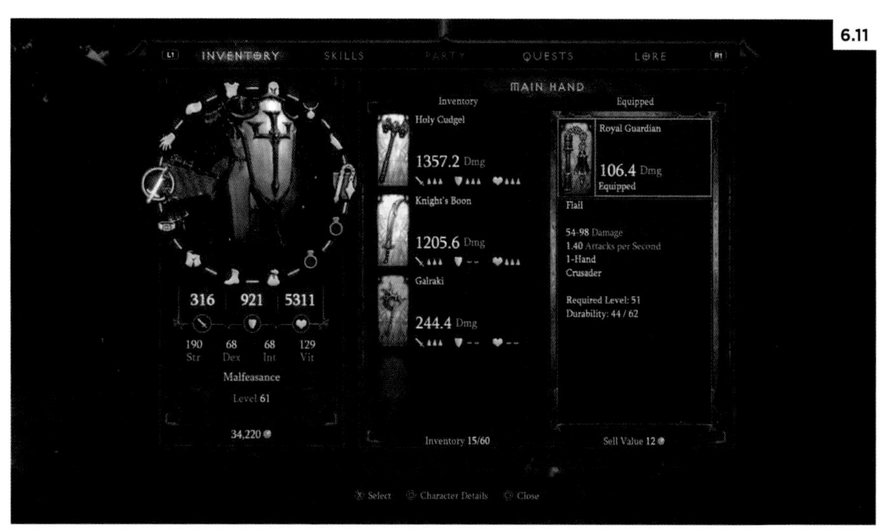

测试的实用方法

测试你的游戏没有所谓的正确方法或者错误方法。你需要找到最合适你的方法，并且能得到最有用的结果。因为每一种方法都可能带来不同反馈，所以游戏设计师喜欢用各种方法来测试。录屏可能会影响玩家在游戏中的沉浸性，但却可以更好反映一个“平常性”玩家，同时这也意味着他们不是有意识查找问题的玩家。游戏的过程中和结束后的问题可以反映出玩家的想法，但是却干扰了游戏。

屏幕记录

邀请别人玩你的游戏，然后记录游戏。这是捕捉和监控玩家行为和提供能够倒带和暂停播放测试的一个优势。屏幕记录可以提供一个更真实的反馈水平，因为测试人员很容易在游戏中迷失方向，忘记他们在哪里测试它。提供一个有价值的洞察力可以使别人青睐你的游戏。

测试者的问题

在一起玩一个游戏并探索测试方法时，有几点考虑。这不足以去问：“这游戏有趣吗？”因为那只会给你少量的数据（是的、不是、也许）。浅显的问题可以问游戏测试员，更重要的问题要问自己。这里有一个简短的清单，作为一个开始，每个游戏都有自己的一套细节，需要进行测试。延伸你的问题是一个好主意，只是要小心不要让问题“占据主导”。例如，“你对游戏有什么问题吗？”从一开始就意味着有问题，一个非主导的例子就是“你的游戏体验如何？”

当你要测试时，你可能也要考虑将在哪里进行测试。可以让测试人员进入一个工作室（特别是在卧室或者房间里），会感觉很舒服。测试可以在任何地方进行，甚至在网上（而网上的问题是，你需要确保没有人会泄露你的游戏）。早期版本的游戏，操作和改进已经成为一种新的成功模式，如：《僵尸末日》。

问测试人员的问题：

在游戏玩法中你感到无聊吗？（这可能会导致后续的问题："你在哪里感到无聊？"等等）

你认为你可以玩多久？（这表明关卡是无聊的，还是有吸引力的。）

游戏的哪个部分最有趣？

游戏的哪个部分最无趣？

当你在玩第十关的时候，你对游戏中其他部分的长度及联系怎么看？

你遇到过什么难题，太难解决或太容易完成？

在这两种情况下，为什么你认为他们太难或容易？

问你自己的问题：

玩家是否玩不同游戏（假设有男性、女性混编在你的测试组）？

哪一组似乎更喜欢这场比赛？他们是否适合你的目标受众？

玩家是否会迷失方向？

玩家是否会感到沮丧？

如何才能算得上游戏领域的最优策略（如果使用的话）？

玩家想玩游戏吗？如果是这样的话，为什么？如果不是，又为什么？

6.12

生存恐怖游戏《僵尸末日》是一个"提早公开"的最知名的游戏，这给了玩家们在其开发期间就可以玩的机会。（它是基于另一个游戏的模型开发的，所以已经相当稳定。）

凯特·克雷格　环境艺术家

凯特·克雷格是一个加拿大的游戏艺术家，在进行独立的游戏开发工作，如近来的独立游戏——《到家》。目前在Fullbright公司从事环境建模工作，她会在工作空档期给网络和印刷品绘制漫画。

你是如何成为一个三维游戏的艺术家的？

“我对游戏艺术一直抱有潜在兴趣，只是觉得那是属于别人的职业生涯，因为太过技术化，我必须懂得编程才可以做游戏开发。虽然具备程序语言的相关能力绝对有用，但当我知道从事游戏艺术的关键与我之前想象的并不一样时，我开始进入三维动画课程去学习如何建模、绑定和动画。”

你在《到家》的工作中所面临的挑战是什么？

“《到家》是在一个单一的房子内，玩家通过门离开，虽然我们确实试图通过照明和声音（例如，外部的闪电风暴）暗示更大世界的感觉。因为它具有固定的位置，所以探索每一个房间的深层次是非常重要的。每一个房间都需要许多独特的游戏元素，因此，纯粹的模型的数量可能是我最大的挑战。我们很幸运，我们有足够的朋友和艺术家的协助，他们利用自己的时间来帮助一些建模工作。”

6.13

游戏《到家》中的休息室和胶带。

从漫画到游戏设计是从二维到三维的工作。你觉得这个过程有什么不同，或者有什么是互相贯通的？

“在使用相同的工具和技术设置方面它们非常类似——举例来说，PS中的着色与纹理素材和扁平页面非常像，但是工作流程背后的思维方式差异很大。在漫画中，焦点（对于我来说）是用艺术来支撑叙事，从一个镜头到下一个镜头、从一页到下一页的流动性的对话或者动作。节奏是最重要的，并不是绘图技术，一切阻碍都要被摒弃。”

“在游戏艺术创作中，创作的每一个素材都可以看作是马赛克中的一小块——这个模型是不是能够提升整体调性？它会不会引起关注，是不是能够高效建构场景或者破坏场景？三维艺术中存在二维艺术不会涉及到的技术局限。如果我需要在一个漫画镜头中画出一个完整的山脉，那很容易。但在三维中，同时呈现在屏幕中的面和材质的数量都是限定的，所以我需要更技术性地思考如何转换解决。”

本章小结

总有些有计划的人、超计划的人和不做计划的人。这就是为什么存在项目管理，他们的价值难以想象。他们的工作是制作时间节点和成本的电子表格，他们很清楚改动美术素材或引入一个新概念需要消耗多少时间和资金成本。策划是技术方面的不断研发，但是简单的游戏原型可以使得游戏的开发迅速启动，那么设计和生产流程就可以正式开始。

如果团队中成员间沟通顺畅，那么大家对于理解这是一款怎样的游戏以及它的发展走向是达成一致的，那么团队成功的概率就会很高。测试是成功的设计流程中非常重要的环节，必须与整个游戏生命历程交织在一起。你对于游戏过于自负而不愿意接受任何负面反馈，这将会完全反作用于游戏研发甚至于毁掉你的游戏。

最关键在于知道游戏是什么，为谁而设计，你需要从测试员那里得到哪些优化游戏的信息。它是团队中所有成员必须经历的策划一设计一测试一学习一重复循环中的一个部分。

讨论要点

1. 如果你想要创作“复制”一个知名却简单的游戏（就像我们在第二章讨论要点中解构过的街机游戏），这个游戏会是什么样的，你会在哪些部分进行改变和升级？举例来说，探索下如何把《吃豆人》（Namco, 1980年）变成多人玩家，从而提升和改变游戏玩法的整体感觉。

2. 继续街机游戏改编：换一个特征迭代开发。然后从另一个街机风格游戏中挑选某个特征再放进去看看效果如何。例如，把多人玩家《吃豆人》与《守卫者》（Williams Electronic Game, 1981年）或《机器人2084》（Vid Kidz, 1982年）中的快节奏元素相结合？

3. 对于玩家来说，怎样检测街机游戏的增加部分效果是积极的还是消极的？你想从测试中获得什么指标，为什么呢？基于你预想的结果设计一套测试方案，然后把方案交给另一个创作团队的设计师，看看在你的游戏机制基础上，他们会测试哪些部分。

参考文献

Fullerton, T. and C. Swain (2004), Game Design Workshop: Designing, Prototyping, and Playtesting Games, San Francisco, CA: CMP.

第三部分
系统和设计世界

第七章：角色设计

本章目标：

- 理解角色设计的法则
- 创建一个角色的简历和背景故事
- 让角色真实，具备个性特质和人际关系

7.1

劳拉·克劳馥的概念设计，由史克威尔艾尼克斯（Square Enix）公司开发（2013年）。

电子游戏角色设计的法则

关卡设计、概念艺术与人物设计的发展有着相互重叠的关系。一个世界的建立及处于其中的关卡开发的方式大致是相同的：用角色来丰富它。所有这些都必须响应于游戏机制的要求（机制是否需要跳跃？关卡能否通过？等等）。你们的游戏中有很多活动的部件，所有的都必须互相交谈，但最终都服务于你们创造的世界。吉尔·默里（Jill Murray，2013年），在育碧索菲亚的游戏《刺客信条3：解放》（2012年）中担任编剧，他曾经说过研究和认识角色所居住的世界对于创造深度来说至关重要，首先让世界构建合理是一个好主意，因为它给你的人物的生活创造了语境。

什么是角色？

“角色”是一个两用的词。它不仅描述了一个人的身体特征（身高、体重、性别、种族），也指本质和个性（善良、愤怒、暴力、快乐）。这些是人或事物的“特征”。例如在《光晕》中，士官长这个角色主要的特征是由他的身材（他超过2.1米高）和其他身体特征，以及他的盔甲和坚不可摧的护目镜来明确的。这个角色的个性主要是通过他的行为传达，因为他是一个沉默寡言的男人。士官长寻求正义、荣誉和英勇战斗，驱使他在击败外星人的威胁，做正确的事。这些都是士官长的特质。在Bungie公司的开发过程中，劳勃·麦克里斯和马库斯·莱托结合他们的灵感——来自西部片中克林特·伊斯特伍德的角色综合了电影的修辞（孤独的武士，一个人的军队，他最后的同类）来创建角色。士官长有辨识度，因为他融合了普遍的主题，并且因为他所处的世界和他的审美特质而更加令人难忘。

7.2

游戏《光晕：战斗进化》的概念艺术和早期的气氛图（Bungie公司，2001年）。这幅插图确立了游戏的气氛，并确定了主人公的主要特征。

7.3

授权角色如蝙蝠侠（《蝙蝠侠：阿卡姆起源》华纳蒙特利尔工作室，2013年）有着固有的审美和背景。在开发授权作品的新游戏创意过程中，需要解决的问题是确保粉丝和玩家都可以将这个角色关联到他们之前从不同媒体中所知道的蝙蝠侠。

角色设计的构成模块

在设计一个角色的时候（在案例中为主要角色），基本原则是传达个性特征，这将与玩家产生共鸣。所谓角色设计的对与错取决于玩家对于这个角色是否有玩下去的欲望，或者说，玩家其实并不关心角色是什么。

开发者提姆·谢弗（Tim Schafer）在20多年间创造了许多难忘的电子游戏角色。以下是谢弗（2004年）定义的游戏角色设计原则。

愿望实现：创造好的人物时，要明白游戏是愿望的实现，而主角要作为一个实现愿望的渠道。

自我投资：玩家最认同看起来真实的，不会限制玩家行动的角色。这个角色有助于使游戏“意义”非凡。

独特性：玩家会记住一个不寻常且不乏味的角色。

酷：主角应该是“最酷的”，获得最佳的对话和最好的设备，就像电影世界里的主角一样。

积极作用：最后一击或重大的行为应该由主角做出，并且要把最大的奖励给他们。

动机：主角的动机应该是简单、普遍的。观众想要与这个角色有关联，所以你必须为他们找到最简单、最普遍的动机，类似爱和自由。如果这个人物有这些大致框架，观众就会认同他或她。

深刻感受到动机：角色不能只是走过场。你必须提醒玩家，这个角色对他们的目标的渴求胜过这个世界上其他任何事物。如果角色不在乎，那么玩家也不会在意。

回应：让配角回应主角（例如，育碧蒙特利尔工作室中的《波斯王子：时之沙》，2003年，角色法拉在玩家几乎从一个窗台跌落时大喘气）。这将传达出更深层次的现实感。

背景故事：你所理解的故事要比你展示出来的更多。你需要了解你的主角。你的角色在哪里出生的？她的父母是什么样子的？你都应该知道，因为你会以微妙的方式把这些细节拉出。

配角：你会和这些角色一起去旅行吗？你想和他们一起出去吗？如果会的话，那么可能你的玩家也会。

人格化和拟人化

人格化和拟人化（我们必须有把人类的特性赋予在动物或物体上的能力）是从游戏设计师的角度来看非常有用，因为它们使我们能够对任何抽象的对象灌输以人格。尽管玩家们知道他们看的是动画像素图，设计得好的人物会像是真实的一样，但玩家更关心并对人格化的形象有反应。

抽象的图形或描述，更类似于“空白石板”因为我们得到很少的信息反馈，会让我们投入角色，人类非常擅长填充空白并依赖于挑选的几个个性特征。即使我们知道角色不是真实的，但我们可以暂停怀疑，并关心无生命的或活生生的物品和角色。这为游戏设计和人物设计开辟了新的选择。即使你不是一个熟练的艺术家，也非常有用。

7.4

7.4

机器人是拟人化的榜样。视游戏故事而定，它们可以被赋予人类或非人类的特质。这个例子是艺术家们正致力于为《戈莫布偶大冒险》（Fishcow工作室，2013年）设计的机器人，它最终将成为游戏中一个相当险恶的角色。它开始是一个看起来友善的、温和的和圆润的角色，但当游戏变成黑暗的基调，所以艺术表现就需要体现电影中的隐喻（如《2001太空漫游》里精神错乱的计算机HAL，其险恶的红色“眼睛”和“肌肉发达”，压倒性的存在）并且机器人守卫会呈现出不同的审美。

7.5a

7.5a

并不是游戏中的所有强大的角色都是人类。一个小角色，《辐射：新维加斯》的DLC《旧世界的蓝调》中的“Muggy”（黑曜石娱乐，2011年），是玩家遇到的其他安全机器人的微型版，但是它痴迷于收集马克杯。这种奇异的特质以及他与玩家之间的相互作用使他受到许多喜爱。

7.5b

7.5b

没有对话和简单动作的孩子般的角色可能更讨玩家喜欢。《小小大星球》中的“布娃娃”角色（Media Molecule，2008年）借鉴了各年龄段的玩家都会关联到的娃娃般的角色的历史形象。设计师为进一步连接玩家和角色，在游戏中加入变异的和不同的微妙的人格特质（厚脸皮、跛扈、快乐等）。

为目的服务的角色

在设计游戏时，对于想创造的人物或人物的个性特征，你可能已经有了一个想法。他们可能是喜欢冒险的、英勇的、正义的或完全相反。与关卡设计一样，其他媒体的比喻和特质可能影响和激发你的决策。如果你想设计一个“带着大型枪械的战争动作英雄，”这是一个很好的机会，你在创造过程中可以仿照电影中史泰龙、施瓦辛格或范·迪塞尔风格的形象。如果你正在开发一个RPG类型的游戏，很可能你玩过的其他游戏的角色会激发并影响你的进程，与《魔戒》的书或改编电影一样。设计的问题是提出一些新的东西，并且还保留一个可识别的核心让人们可以理解你的角色。例如，主角可能来自一个陌生的文化，但她被复仇或正义所驱使，这是人们普遍能够理解的。

7.6

首先要问的问题是：角色为玩家服务的目的是什么？主角通常是为玩家实现愿望的渠道。然而，为了能够与角色的关联，玩家必须能够在某种程度上连接，即使玩家与角色有不同的性别或种族。这个角色需要在某些方面令人难忘，并且在多个层面令人着迷。英雄角色如劳拉，搞笑角色如霍默·辛普森，都是这样的。他们都是令人难忘的，并在各种原因上让人关联自身，因此，他们被持续不断地重新使用。

7.6

角色劳拉·克劳馥来自《古墓丽影》（晶体动力制作小组，2013年），她的成功之处在于她所具有的特质，让人们可以认同她，并且将她与动作/探索类型游戏联系起来。她无视消极、刻板印象的“弱女子”或“落难公主”，作为一个角色在游戏中幸存了下来，是因为她拥有坚强的人格。

在创造角色时，你应该从所谓“顶层概念”开始，设计了《stationfall》（Infocom，1983年）和《银河系漫游指南》（Infocom，1984年）的史蒂芬·马瑞扎克（2001年）解释如下。

“记住你对角色要做的两件事。创作使人愉快的、有趣的角色，让玩家愿意在接下来的几周或者几个月里在这个角色身上投入精力。创建一个角色，足够独特和难忘，以帮助你穿过与其他上千款游戏竞争货架、杂志和玩家知晓度空间带来的混乱，所以在这些点上试着去思考，什么有趣？什么是酷？什么是以前没有做过的？

角色必须为玩家服务，但在游戏机制和玩法基础上也有限制。游戏中的主角（作为玩家的立场）在游戏世界中没有背景，因此需要给予其他的角色额外的信息（任务、背景、训练）。为玩家创造令人难忘的角色还有其他的注意事项，使用或工作。例如，当开发《生化危机：无限》（Irrational Games，2013年）的配角伊丽莎白时，动画导演罗伯森·肖恩（2014年）提出一个问题：“她能说话吗？”原来的角色设计将伊丽莎白设计成一个不说话的角色。随着角色的开发，重点是最大限度地发挥玩家的经验，而沉默版本的伊丽莎白不能如设计师所想的那样与玩家建立关系。于是团队制作了一个说话的版本，并立即在玩家和角色之间建立了纽带。这也给了伊丽莎白这个角色以目的，因为她可以指导和帮助玩家，给他们信息和背景故事。这不是所有角色的目的——有些是任务发布者或者敌人，但是每个角色与玩家的交互都是带有目的的。

7.7

在Fishcow工作室发行的《戈莫布偶大冒险》中，主要人物都是由非常简单的形状组成的（这个游戏是为小屏幕的手机准备的）但仍可以表达出人物，并与玩家情绪相关联。这大部分都是通过行动和声音来完成的。但是，作为儿童动画，简单的角色是一个“空白石板”，玩家可以在它身上投射自己的个性和情感。

7.7

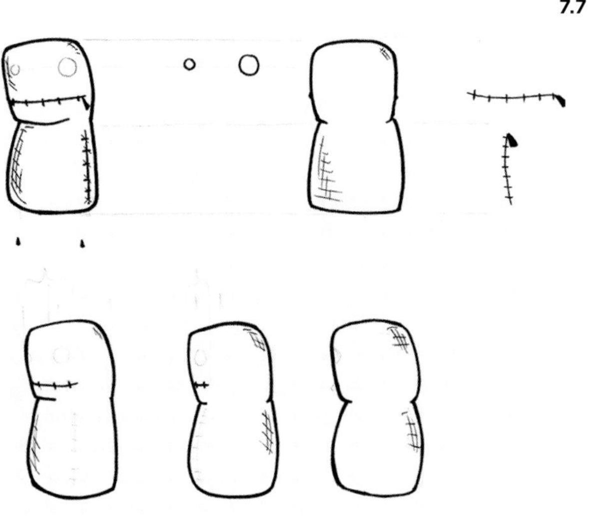

提示 名字包含了什么？

7.8

这个角色来自《上古卷轴4：遗忘》（Bethesda Game公司，2006年），被称为“巴瑞”？要如何改变玩家对角色的感觉？他会不会不那么吓人？角色让人觉得更友好或更易于亲近吗？

命名你的角色是很重要的，它不仅能让设计师洞悉角色的本性，也有助于告知玩家。你的角色是克迪莉娅还是贝琳达？杰森还是肖恩？这些名字带有他们自己的特征：克迪莉娅有着老式的、略带神秘的声音，并且它的首字母是冷酷的C。贝琳达是一个温柔的名字，它也许常年和高中女生或邻家女孩有关系。J.K.罗琳的著作中有极好的案例，她把构思角色的名字作为明确他们个性的一种手段。哈利·波特是一个温柔的名字，听起来友善、谦逊和“普通”。西弗勒斯·斯内普和德拉科·马尔福含义完全不同，他们的名字可用于体现他们角色的个性。在设计一个角色时，要注意角色名字是为角色的期望值和与玩家的关系而服务的。

老套的印象：运用和误用

在设计不重要的角色时，老套的印象或许是有用的捷径，但如果太过依赖它是很危险的。根据定义，老套的印象是，应用于人的通用特征和外观。农民有着很浓的农村口音，看起来温和并且略微害怕暴力，肌肉发达的战士们很难说出一串完整的句子，这些都是帮助玩家明确比喻使角色充实的老套的印象。这也恰好使他们和适用这个模子的其他角色完全一样，玩家以前已经看到很多次。老套的印象也可能会造成侮辱、诋毁和冒犯。我们在电子游戏的第四章探讨了道德选择。简而言之就是要了解你的角色设计是否会得罪人，无论是男性还是女性，或者来自不同的种族，或有不同性取向。老套的印象会造成侮辱往往是因为它们在媒体中被过度使用，从“愚蠢的金发女郎”（先进微机系统的《龙穴历险记》中的公主达芙妮，1983年）到“笨拙又可爱”（史克威尔艾尼克斯公司的《最终幻想》系列中的尤菲和莉可），再到“把非洲裔美国人的角色设定为匪徒或体育明星”（《战争机器》中的科尔·特雷恩，Epic Games，《死亡岛》的山姆，Techland）。

对你的角色深思熟虑，避免负面的老套的印象，不是一种自我审查的形式。设计一个能产生共鸣的非典型人物需要更多的创造力。这也并不意味着你创造的角色都是乏味的，或不能用于提高人们对老套的印象的知晓度，或者对它们本身占主导地位的比喻持反对意见（《质量效应》允许同性关系与种间关系。Radical Entertainment开发的《虐杀原型2》的主角詹姆斯·海勒是一个非裔的美国前海军陆战队员，2012年）。

7.9

在游戏的过程中玩家对迪克西·克莱门茨角色《摔角玫瑰XX》（科乐美，2006年）知之甚少。这与《半条命2》（Valve，2004年）中成熟的角色爱丽克丝·凡斯形成对比，她是一个有血有肉的人物，可以与玩家形成一个情感的纽带。

设计你的角色

一旦你有了一个名字，并且了解这个角色将居住的世界，但是在知道你的角色是什么样子之前（虽然你会有一些概念上的基础设定、类型和早期概念设计），建立一个角色特质和个性的剖析图是值得的，它将告知人们角色的审美价值。

步骤一：背景

《死亡岛》中的角色洛根（Techland，2011年）有一个个人简历，提供了一些背景和他的人格特质：

一个前足球明星，各种方面被生活和成功宠坏了，洛根的自负最终终结了他光明的未来。在一个鲁莽的街头比赛中，洛根不仅杀害了一名年轻女子——不幸的路人，他还造成了自己的膝盖断裂性骨折，结束了他的体育生涯。他的生活从巅峰跌入了谷底，他也随之变得绝望。为了试图摆脱掉这些梦魇，他欣然抓住机会去体验banoi的美景和奇观。

虽然他的梦想很快地变成了现实的噩梦……

这不是一个详尽的简历或个人资料，但它给了设计师足够的背景故事和个性来生成对话、对其他角色的反应、和开始创建角色可能的行动。一些角色的简历有几页信息，而其他角色（尤其是如果游戏不基于故事叙事，例如《死亡岛》）可能在开发过程中作为一个起点有点多余。

7.10

7.10

尽管不是一个深入的介绍，《死亡岛》中洛根这个角色背后的故事也足够建立一个由于鲁莽和冲动行为造成的悲惨过去。它还确立了一个潜在的弱点和遗憾后悔的感觉，这些可以反映在他的对话中。

步骤二：创建个人资料

角色创作的过程开始于个人资料。它可以相当深入，设计师会为他们的主要人物创建冗长的脚本。你需要根据需求写尽可能多或尽可能少来让人知道和理解角色。关于人物简介开发的快速方法是为你的角色建立一个社交媒体帐户。在个人资料中，你可以创建一个角色所听的音乐列表，他们观看的电影，他们玩的游戏以及他们的朋友是谁。即使是一个空想的人物，它也许会稍微抽象，但仍然是有用的。

例如，一个刻板、好斗的战士角色可能会听重金属（虽然这是陈词滥调），看很多摔角。或者，扭曲这个刻板印象，战士可以内心深处平静，听古典音乐，但却被渴望正义驱动而暴力。一个治疗者的角色可能听现代音乐，并在他的资料中有很多平静、自然的环境的图像，或相反，他们可能因为他们所看到疾病和死亡而情绪失衡，并且将这个个人资料作为一个艺术性的排出口。随即，这些个人资料可以逐步形成角色。它是典型的从陈词滥调和刻板印象开始的，然后，随着和你带来的其他元素的合并，更复杂的、可信的角色开始形成。

这不是一个详尽的清单，但它是一个良好的开端。知道这个角色意味着挖掘他们是谁、他们的关系、他们的梦想和欲望，还包括他们如何着装、如何移动，以及他们的看法。

当写个人资料时，一些典型的问题是：

人物生活在哪里？

如果有的话，人物的学历是什么？

人物的性格特点，要如何显露它们？

这个人物是否在成年时或童年受到过创伤？

人物经历的最大的胜利和失败分别是什么？

人物是否有任何浪漫关系？在过去、现在或者未来？

人物是否具有宗教或精神信仰？

人物有什么不寻常的才能？

人物是否有任何的恐惧或性格怪僻？

人物的财务状况怎样？

人物比这个世界上的其他人都想要的是什么？

对于世界上的其他任何东西，这个人物恐惧的是什么？

人物与朋友、权威人士或其他社会阶层的关系如何？

7.11a

游戏《行尸走肉》（Telltale Game）中的每个角色都是经过编排的，所以在游戏中会暗示或提到更深的背景故事。通过提供一个生活在当前故事之外的先驱的插入，让角色的叙述变得更微妙，并让他们在游戏中行动的动机关联到的玩家。这也是一个方式，给开发人员如何使玩家在游戏时深入了解角色的背景故事提了一个建议。

7.11b

游戏中角色之间的关系可以用来增加情感的深度和共鸣。当角色被置于危险中时，可信的关系映射了我们所知的现实，并增加了更多的紧张情绪。我们最后一次与许多玩家和评论者探讨了一个男人（乔尔）的情感变化，他负责保护替代的女儿（艾米丽），尽管他由于失去自己的女儿而不愿意加入。虽然这些角色借喻都是在文学和电影被重复使用的，但在电子游戏里添加这样的深度层次的人物还很少见。

步骤3：研究和审美

人物的个性、背景和个人资料的建立是很重要的，这些会影响你的角色的长相、穿着，以及如何与其他人进行互动。当研究你的角色的视觉风格时，你可以从漫画书、插画、电影，当然也可以从其他游戏中获得灵感。这并不意味着你应该做一个你认为其他玩家想要的角色。通常人们不知道他们想要什么，直到他们看到它，但现有的角色可以帮助你找到途径。

例如，没有人会有表达一定想扮演十二世纪一个叙利亚刺客的强烈渴望，然而我们还是有了《刺客信条》（育碧蒙特利尔工作室，2007年）隆重推出的阿泰尔·伊本·拉阿哈德。阿泰尔的性格特征和他所处的历史人文环境一样出名。虽然他依循了很多电影和文学中的角色形象，比如英雄系列，或者某人陷入残酷世界。但是因为他展示出来的普视性主题和人格特征，玩家仍然会与他命运相连。

当开发一个角色的时候，概念艺术家需要知道这个角色是谁，因为这明确了他们怎么在这个世界登场。游戏开发商做了大量的调研，（特别是如果有一个历史背景，但即使设置是科幻）。在这个背景下的其他人是什么样的？是什么使这些角色脱颖而出（无论是正面还是负面）？这些角色如何融入他们的世界？

一旦你确立了美术风格和人物特征，下一步是就开始更详细地创建和决定角色，因为角色的每个方面都与游戏的预期平台、机制、视觉分辨率和所需的动画量息息相关。

提示

一般角色与主要角色

在游戏中设计多个角色时，设计一个或几个主要角色的方法是创作不同的遗传特征。例如，一个船上的船员（如《质量效应》系列游戏，BioWare，2007年-2012年），与你互动的角色都有一些与众不同的特点（头发颜色、身高、一个特殊的帽子、甚至略有不同的照明）。其余的船员都是通用的，他们穿着相同的制服，在各方面都没有突出点。使用类似的姿势，标准的表情，标准的步型，等等，玩家可以把他们作为一般的“船员”。这类角色强调了主角；一切关于他或她的独特之处都不会显示在一般人物身上，从而更加突出了主要角色。

使人物真实

当开始基本的角色设计时，一个方法是使用平面设计的概念，这些能很好地转化为角色设计。

颜色：你需要使人物融入环境。他们应该有什么颜色？他们会因为他们是猎物或捕食者而需要伪装吗？他们会在环境中显得醒目、违和吗？

形状：他们的外形传达什么情感？是可爱的、讨喜的、浅色的，就像《星际迷航》里的特里布尔，或是险恶的、黑暗的、类昆虫的，就像《异形》电影里的外星人？

尺寸：就像形状一样，这个行星是空想的还是像地球一样，如何让人了解角色的大小？大小是否与力量相关？

情感：使用形容词，例如奇怪的、险恶的、友好的、危险的，等等，并把它们应用到人物的姿势和举止中，使人了解并选取。

敌对/敌人：开发人物概念时，人类或外星人，敌对是一个重要的考虑因素。是否用外星人的红色来与他们蓝色的宿敌或天敌区分开？红色的外星人是温柔和平的，还是生活在侵略和黑暗的深蓝色的外星人的威胁中？

材质：和形状、颜色、大小一样，材质可以巧妙地明确一个角色的个性。如蓬松、光滑、粗糙、装甲的、坑坑洼洼、柔软等等。

随着游戏进程的推进，一个角色可能会变得更加微妙，但这些初始步骤将帮助艺术家想出概念艺术，并通过迭代完成最终的设计。

7.12

角色的外形、颜色和形式是很重要的，并通过游戏的整体美术而被了解（也许是由于技术上的缺点，比如网页或移动平台）。早期的草图开始传达人物的个性，并告知他们的功能。英雄或敌人，朋友或求助者。设计角色的过程必须先公开，但每个角色都必须能够制作出动画（嘴、手臂、眼睛、腿等）和设计师必须考虑技术限制是否影响到设计。简单的角色，如Fishcow工作室的《戈莫布偶大冒险》里的那些，由于其低保真度可以轻松跨越多个平台。哪怕加上头发或一件斗篷，也可能导致程序员头痛，这些决定必须符合艺术家开发的角色。

非玩家角色和人物关系图

配角和非玩家角色的另一个用途：支持或对抗玩家。他们可能是邪恶的，必须被击败（伏地魔），帮助玩家成功的朋友（赫敏和罗恩），或训练和建议他们的导师（邓布利多）。

开发多个角色之间相互作用的一种方法是使用“人际环状模型”，这基于心理学家蒂莫西·里瑞开发的一个模型。该模型包括架构、组织和人们之间的人际行为、特点和动机的评定。临床心理学家J.S.威金斯（1996年）演化出这种原始模型，如今已经发展成为一个由各种心理专业使用的人格示意图。在角色设计方面的用途是能够映射出你的主要角色性格的互联性，就像一个心理学家的世界一样。

通过画出对立的人格特征，你开始看到游戏角色的平衡性，以及哪一个特质最适合你的主要英雄和反英雄角色。这个环状模型不需要太复杂，而它可以防止太多的人物具有相似的特征。

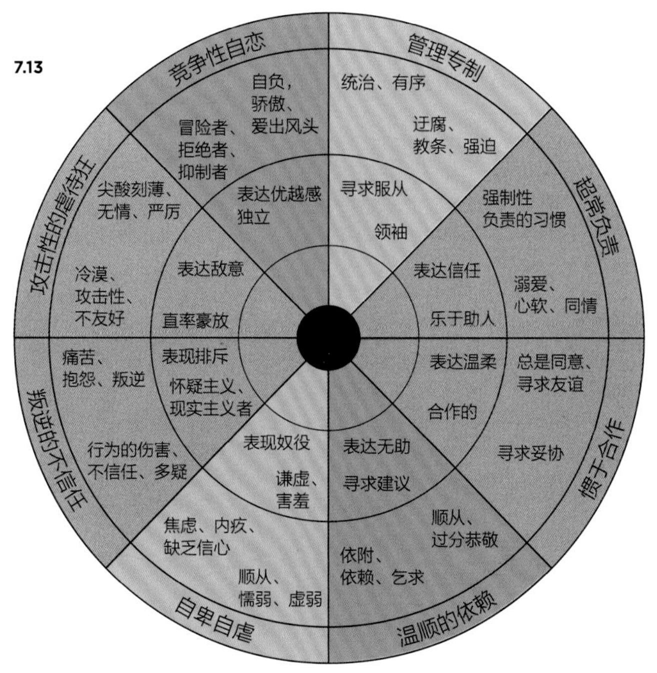

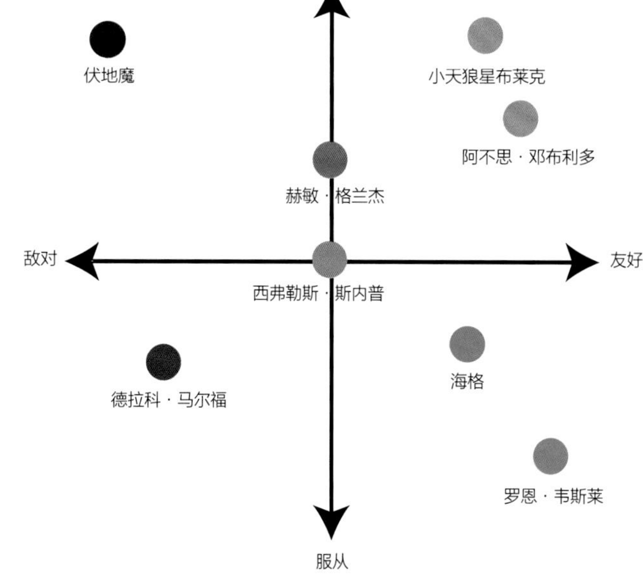

7.13

人际环状模型是一种工具，由社会心理学家研制出来的，游戏设计师用它将人物之间的关系可视化。基于特性该模型具有两个主要轴：友好性和支配性。设计师画出各性状的环形图的关联关系。

7.14

在这个模型中，你可以看到对《哈利·波特》中的角色们不同性格的一种解释，它们是如何相互关联的，它们可能会在哪里重叠或分离。

情绪板和角色表

当开发一个角色的视觉效果时，情绪板是一个有用的聚焦点。与关卡设计一样，创建一个图像库可以用更集中和视觉化的方法来体现你的角色。在游戏中，如同电影一样角色所用的服装和道具和他们的姿势和表情有关。如果角色有服装和武器，随着人物的发展改变是十分重要的。例如，《古墓丽影》中的劳拉应该有什么样的弓？《天际》中创建的角色能够挥舞什么样的剑？通过服装的质感和色调，角色能进一步被获悉：暗色或亮色、性感或朴素，还是流动或紧身呢？附一个技术说明，这些决定也对动画师有一定的影响。你看到许多电子游戏人物有披风或围巾的原因是：他们需要高质量的多边形数加入映射来使之好看。

情绪板应用于设计的所有领域。它们的视觉拼贴关联到角色的许多元素。这些可能包括大小、仪态、调色板和服装。他们是艺术家开发概念艺术的视觉指导，但也可以为开发团队提供语境。

一旦角色开始形成，艺术家或建模师应该创建一个角色表，包括角色不同角度的可视化和姿势。这也是一个创建独特性和背景故事的机会，因为角色表是启发一个过去或当前的忠实对象。可能是一个纹身标识能确立角色在游戏后期的一个派系，或是一个疤痕，显示以前的敌人所伤或表示角色是身经百战的。纹身，是部落的标记。珠宝也可以表示造成一个反叛倾向或从属关系的原因。同样，武器、特殊动作或特定的姿势都可以。

角色表也表示设计的选择，这有助于动画师的工作。储存武器可能是它最有意义的地方（臀部的、背部的或看不见地方的），一个魔法咒语是怎么展现的，从哪里开始爆发出来。服装在哪里固定、哪里连接、哪里移动。道具在这里也很重要。如果这个角色有一个沉重的武器，如一个战斗斧，或者小匕首，玩家会在某些动作上看到角色的姿势和行动有轻微或明显的变化。角色表可以反映这些元素，并且该小组可以对角色开发作做明智的选择，然后再进入冗长的动画过程中。

7.15

《天际》中的非玩家角色（NPC）设计。服装和道具对表示角色的职业和社会地位有很大帮助。

7.16

这是一个基于游戏《镜之边缘》的动作情绪板（EA Digital Illusions CE，2008年）。游戏的机制是基于自由运行的跑酷。这些运动员的衣服和移动的方式体现了游戏里的角色，而环境和监控摄像头渗透着压制性的极权主义政权观念。

7.17a

开发一个配角的个性和背后的关系，使人了解该角色的目的，以及对主角的忠诚。如果人物外表看起来类似，这是特别有用的。特质、个性和行为区别了他们（EA蒙特利尔工作室的《战地双雄》中的艾略特·萨勒姆和泰森·瑞斯，2008年）。

7.17b

《古墓丽影：重启》，这是身材娇小的劳拉·克劳馥，区分于其他的游戏角色。它传达了一种脆弱和年轻的感觉。

詹姆斯·福克斯　导演和制片人

在电视、数字媒体和创意机构工作的背景下，詹姆斯·福克斯已经创建并开发了广泛获奖的影视、网站和游戏的各大品牌。利用网络和导演、编辑、动画师、设计师、作家和音乐家合作，詹姆斯与来自世界各地的客户和合作伙伴创造了生产内容，比如英国广播公司（BBC）和卡通网络（Cartoon Network）。

在设计动画角色时，你会从草图或人物的个性轮廓开始吗？

“这取决于你的起点。如果你是在一个现有的故事的基础上创造一个角色，那么你想反映的个性已经创建了。如果你是从头开始创造一个角色，那么就要画一个很好的起点。在他、她或它变成了一个有血有肉的人物之前，你要在面部表情、姿态和姿势等你所了解到角色基础反复尝试。”

你会不会分解你设计角色的过程：你会按照从脸开始，然后身体，最终的服装这个顺序来设计吗，或者你先设计的整体角色，然后不断更新他们，直到最终的设计？

“角色设计都是实验性的。我一般都会从生物或者人物的总体轮廓开始。我喜欢极客和书呆子，所以我大部分最初的设计往往是瘦长的或愚钝的，但只是我个人这样。在我开始担心具体的细节之前，我总是用很长一段时间很松散地画草图，以确保我好玩和自由。当我觉得我对这个人有个大致的想法时，我就把重点放在脸上，然后在我得到我喜欢的东西之前一遍遍重复设计的过程。当感觉这个角色像是以他自己的方式穿过时，我会开始对整个角色做更详细的实验。秘诀就是不要想得太难、顺其自然，不要怕犯错误。”

7.18

7.18

詹姆斯·福克斯的《灯塔和锁》，角色有斯洛特、比格利、欧文、阿米莉亚和德文。

当设计一个角色的外观时，角色背景故事重要吗？

“是的，总是这样。不论你是从一个角色脚本中设计还是从涂鸦中设计，你都需要知道你要处理的角色的基本个性。”

角色设计的原则之一是，他们应该是与众不同的，往往是夸张的。在设计一个新角色时，这是你思维过程中的一部分吗？

“是的，如果你能看到一个角色，并且立刻知道他们是什么，那么你就要超过胜利者了。大眼睛狡猾、小眼睛可疑，你会更相信谁？动画像一个运动场，所以把事物尽可能推到远处总是个好主意。”

角色所处的环境对角色设计有多大的影响？

“这取决于他们与环境的关系。如果一个角色对它们不满意，他们就有两个选择：接受它或改变它。这一切都取决于故事本身和角色在故事中的分量。这是一个很好的方式来测试你的角色的本质，所以做一个他们被环境压抑的版本和一个他们决定改变它的版本。你会惊讶于他们出来的结果有多么的不同。”

一旦你有一个角色定型，动画赋予角色生命的过程是怎样的？在早期阶段，你会计划出你所想的你的角色将如何走路、说话、行动吗，或者在这个进程中会晚点出现？

“在设计的后期阶段，这略微取决于你如何去实现动画（二维、三维、定格等），但在早期阶段，第一件事是角色表。这是一组姿势，展示了角色在固定姿势和位置的外观。分镜头设计师总是从角色表就开始工作。它们是角色的‘圣经’，所有的动画将起源于它们。”

从草稿到最后动起来的角色，你觉得创造一个观众可以连接和相信的“栩栩如生”的角色，最重要的步骤是什么？

“这明显是一个焦点问题，真诚的角色是非常重要的，所以一定要确保能表达出来，并做得很好。同样重要的是肢体语言。与生活中动作不同的是，在动画中的动作往往是夸张和极具表现力的，所以总是把重点放在这一点上。”

本章小结

人物设计需要多种形式。如果你正在使用IP授权作品，那么大部分的工作已经到位。如果你在制作自己独特的游戏，你将要创造出每个人物。要让玩家有一个积极的体验，角色不一定要有非常详细和丰富的背景故事（TGC/That game company的游戏《风之旅人》是极简抽象角色设计的一个主要经典作品）。如果投入同样数量的开发时间和注意力，一个小小的8比特精灵角色的人格也可以和一个完全成熟的三维模型同样传达。

角色设计包括创造力、心理学、调研、迭代和实验，平衡这些因素会增加你为游戏创造一个令人难忘和迷人的角色的机会。游戏中的每个方面和角色都必须是连贯一致的，并且在对玩家有意义的方式中互相联系。即使主角是一个从不说话的哑巴“费赛尔”（例如，《半条命》1和2中的戈登·弗里曼），而配角和关卡设计要能够吸引玩家进入这个世界并且让他们留在这里。

讨论要点

1. 从最近你玩的一个游戏中调查两个角色。你觉得他们的本质特征是什么？设计师是如何确保你与人物相关联的？他们是否使用了老套的印象和捷径，或者他们花了一些时间发展你和角色的关系？

2. 这两个角色如何成功地与他们的世界相融合？当你设计自己的角色时，你计划用什么方法确保角色、游戏玩法、游戏世界和交互方式能够有机合作？

3. 找出几个糟糕的角色设计的例子。为什么这些角色没有与你产生共鸣？如果他们让你讨厌，是通过设计的还是无意的？与这个角色缺乏关联是否会影响你与这个游戏的关系？

参考文献

Character bio for Dead Island's Logan. (2011), June. Available online: http://gamevolution.co.uk/2011/06/dead-island-character-bio-logan/

Meretzky, S. (2001), "Building Character: An Analysis of Character Creation." Gamasutra, November 20. Available online: http://www.gamasutra.com/resource_guide/20011119/meretzky_01.htm

Murray, J. (2013), "Diverse Characters: Write Them Now!" Lecture, Game Developers Conference,San Francisco, March.

Robertson, S. (2014), "Creating BioShock Infinite's Elizabeth." Speech, Game Developers Conference, San Francisco, March 20.

Schafer, T. (2004), "Adventures in Character Design." Speech, Game Developers Conference, San Jose, March.

Wiggins, J. S. (1996), The Five-factor Model of Personality: Theoretical Perspectives.New York: Guilford Press.

第三部分
系统和设计世界

第八章：
整合

本章目标：

- 理解关卡设计的原则、概念、草图和规划
- 应用规划玩家活动概念在关卡设计
- 使用关卡设计的故事和情感共振

8.1

《战争机器3》，余波地图，由Epic Games开发（2011年）。

小组的关卡设计

这本书专注于电子游戏设计的概念介绍和最好的实践案例的讲解。前面的章节已经涵盖了大量的内容，而第八章和第九章的重点是关注关卡设计的实践知识。现在你知道了你要做的游戏是什么，有多少玩家，什么是游戏机制等。你甚至可以开始设计游戏角色。关卡设计是你开始制作一个更完整游戏的过程。

关卡设计，如同动画、编程、角色设计、音频设计等，都有它自己的特点。这些章节提供了关卡设计过程的概述，深入剖析了游戏总体设计中关卡设计的基本原则和效果。关卡设计过程中的每一个决定都将影响整个设计团队（这就是为什么规划如此重要）。

创建情感美学

如同所有的创造过程一样，你开始研究从外部入手。如果你的游戏被设定在世界末日后的华盛顿特区，像《辐射3》中的一样，你将参考很多素材，包括图片和现在的外观地图，然后通过交叉参考那些灾难电影或其他电子游戏的图片，来理解别人是如何处理类似场景的。

建立一个来自世界各地的建筑图库是很有价值的，无论是过去，还是现在（实际上当你旅行时或使用谷歌地图去更多的地方实地旅行就可以做到）。你的世界可能是科幻、奇幻或历史——但是游戏是由人类玩家操控和理解的，所以一些现实世界的类比是有用的，帮助人们找到在最美妙的地方的感觉，例如，幻想风格关卡设计师和艺术家可以从如托尔金（《指环王》，EA洛杉矶，2004年），古北欧设计（《天际》），和欧洲的中世纪建筑（《寓言》，Lionhead工作室，2004年；《巫师》，CD Projekt Red游戏开发商，2007年；《黑暗灵魂》，From Software，2011年）中找到素材，然后与游戏中独特的审美元素相混合。所有优秀的设计师都擅长从周围世界获取灵感，使其作用于他们想创造的世界或情感背景中，并混合加入意料之外或者其他相关资源，从而创造出新的视觉魅力。

8.2

在游戏《天际》的纯虚构城市“风盔城”概念设计中，混合了多种建筑风格，尤其是挪威建筑和其他欧洲中世纪建筑的风格。

注重细节

当我们通过摄影或其他手段获得环境照片时，关注点不应局限于大远景。我们需要考虑到每一个可能出现在游戏中的元素。例如，如果一个机械车库出现在一个重要的关卡中，你需要获得车库样本，包括外表和内饰，以及周围的环境。设计团队应该尽可能多方位的“侦察”。如果是网络图片，那么你可以观察到的细节是非常有限的。这就是为什么电影导演总是走访他们想拍的地方以获取自然环境的气氛感受和空间情感。显然，如果你的关卡是在宇宙飞船或包含神秘感的某片土地上，获取样本相对会困难一些，可以去找类似的地方。宇宙飞船与潜艇、航空母舰没有太大的不同。神话王国往往结合了熟悉的环境（如森林），或陌生的环境（如深海）。

8.3

8.3

走访世界的每一个角落寻找灵感很不实际，但也会在一些意想不到的地方发现被复制的建筑元素。这是位于苏格兰爱丁堡的罗马或希腊风格的“废墟”。

8.4

拍摄时我们不应该将人排除在外，相反我们应该把人的影像一起囊括进来。人与建筑在同一画面可以为我们提供建筑规模和比例的测量概念。

8.4

关卡设计像是在讲故事

游戏是基于体验的互动产品，因此世界观设计和关卡设计必须从讲故事的角度深思熟虑。即使是一个粗暴的军事风格的动作游戏，玩家必须感觉到每一个设计决策是与游戏主题一致的。一个二战游戏的法国建筑需要看起来像20世纪40年代的法国。即使玩家从未见过20世纪40年代的法国，他们也会从其他媒体来源获得基本概念。当然并不是所有的游戏都必须100%准确，但做这样的基础工作能够让你设计的关卡获得更多的玩家。

设计师必须知道关卡背后的故事和环境背后的目的。如果这个故事背景是20世纪40年代在法国与盟国一起击退德国，那么玩家作为联盟的一部分就解释了“为什么”和故事的基本逻辑。环境设置的目的是多元化的。首先，它提供一个审美功能，在一个时期，很多人都会在影片某些片段中看到像法国战区时期的街道和建筑。它的第二个目的是让玩家实现自己的目标，不让他们因为根本不知道自己在哪里而感到迷失、困惑或沮丧——提供各类游戏元素（敌人、掩护点、拼图等）。

概念设计和草图

角色和关卡设计通常是平行进行的，因为世界观和那些居住在一起的人是如此紧密相连。一个FPS游戏（《使命召唤：现代战争3》《杀戮地带》《游击队比赛》，2004年）的游戏概念往往跟秘密行动（《细胞分裂》《黑名单》，育碧，多伦多，2013年；《神偷》，Looking Glass工作室，1998年）有关，设置一个维多利亚式的世界（《生化奇兵无限》）：你已经从Aarkane工作室获得了《耻辱》（Dishonored）游戏的场景设计、游戏玩法和基调。所有这些游戏的世界观的设计都是尽可能多设置游戏角色。艺术家和设计师基于对游戏整体艺术审美的定位，开始设计关卡草图和基调。概念设计将在参考图片和角色设计的基础上进行延展，开始充实和呈现世界观的全貌，并在关卡设计工作开始前对角色和背后的故事做出决定。再次，帮助设计团队的其他成员保持意见一致，以确保艺术指导的总体设想和游戏的技术限制相匹配。

提示

装饰

关卡设计是一种讲故事的形式，通常是通过场景处理方式来实现的，并且被称为“装饰”，灯光、材质和布景设计可以向玩家传达叙事。一个黑暗区域，更多压抑的区域可以表现出威胁，或是作为一个藏身的好地方。其他的装饰元素可能会是玩家与之交互的对象，但在游戏中并不重要，例如杯子、计算机、交换机等。装饰还可以用来传达微妙的意义，如《生化奇兵》游戏中，通过海报洞察到哥伦比亚的统治者的狂喜心态。

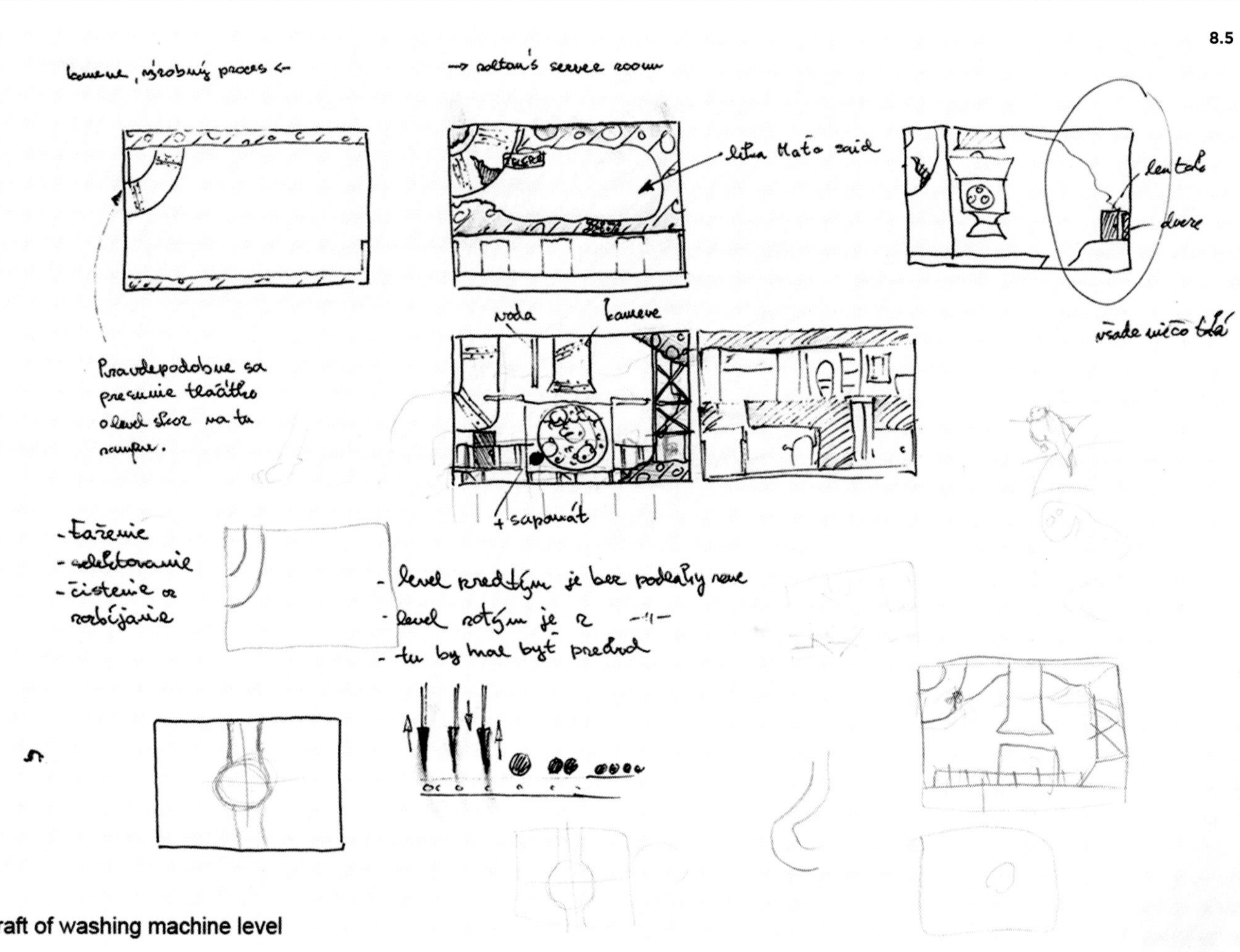

8.5

来自Fishcow工作室的《戈莫布偶大冒险》游戏关卡的早期概念设计草图。

规划关卡

本章的重点是设计RPG或动作风格的游戏关卡，但同样也则适用于其他游戏类型。这里有特定类型的考虑，一个益智类游戏或驾驶游戏有其自身特定的关卡设计属性，然而也有一些交叉点。例如，在一个赛车游戏中，随着每个轨道的“游戏流程”设置，会有与视线相似的路线和寻路标识作为参照或焦点。尽管存在极限速度，地图上标明了阻塞要道，但是驾驶游戏中也有弧形、转点、捷径等不断注入到你会看到的游戏路径中去。大多数基于模拟驾驶的游戏要远远比一个探索开放世界的游戏更为严格，但关卡设计是专注于以保持一致和引发情感的方式给玩家提供最好的体验。

在设计一个关卡时，设计过程中的一部分是在创建一个引起玩家情感的空间。它可能是一个幽闭恐怖的地牢走廊或是玩家徘徊在一个开放的环境。这两个领域是控制空间，引导玩家走向一个终极目标。设计问题从这一前提展开：

- 玩家应该花多长时间在关卡中？
- 玩家是否按设计师的计划行走过关卡（细节多的关卡）或只是利用奔跑快速通过（细节少的关卡）？
- 随着每个轨道“游戏流程”是否在区域为玩家设置“陷阱”（如《低音战役》）直到事件完成？
- 是否有对象被发现或成为收藏品？
- 你希望有多少玩家能够探索这些关卡？
- 玩家从哪里开始（被称为重生点）？
- 非玩家角色（NPC）在哪里走/站位/活动？
- 哪些区域是有引导的，哪些不是？
- 敌人在哪里出现？
- 哪里有陷阱/谜题/决定元素？

这个列表涵盖了基础知识。从一个蓝图或使用简单的块和线条来表示组织关卡布局的“地图”开始。当你修改时，关卡可能变得更加复杂。

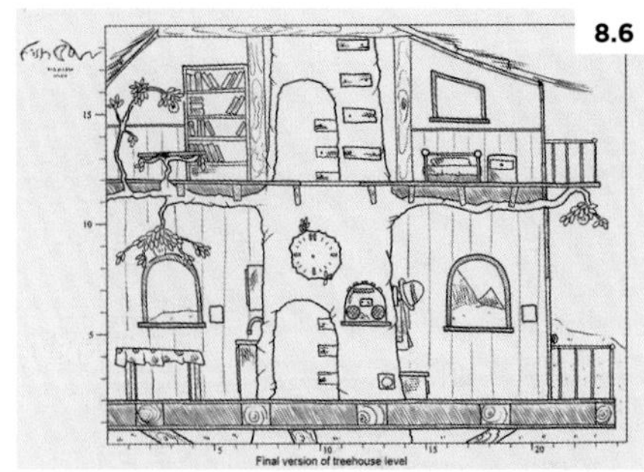

8.6

《戈莫布偶大冒险》三个研发阶段的图像体现出了关卡的发展进程。Fishcow工作室先勾勒出环境样貌，然后再进一步拓展，游戏变得趋于复杂。他们设计互动和解谜部分，游戏性和审美都符合彼此的发展。快速实现原型设计的关键是研发交互方式的核心玩法，草图是艺术团队将关卡设计概念快速交付于程序设计的一种方式。这确实在一定程度上取决于开发环境的团队架构。有些团队可能基于一个已知的游戏引擎工作，因此所有的迭代（“移动到这里，尝试在那里”）会比引擎开发快得多。

关卡组成列表

首先列出你所需要的元素列表，这些元素是不同的层，如建筑物、道路、车、人、门等建筑块，根据你所需要的资源，可以重复使用，这样将简化建模的时间和过程。例如，如果它是一个市场区域（如《刺客信条》露天市场），会有室内房间、摊位、座椅和桌子，每一个店的形状和大小可能非常相似，并且具有相同的家具。某些建筑将比其他建筑更大、更长或更复杂，但这些可能是两个“房间块”推叠在一起或方差抵消。尽可能多地使用重复元素是很重要的，因为如果图形处理器每次都要画一个新的，就会需要时间来处理资源，这对游戏性能有负面影响。模块化设计的方法是非常重要的（后续还有更多模块化设计的内容）。

提示

瓦砖图形

一个模块化设计的早期例子是使用“瓦砖图形”以获得最大效率的硬件使用。利用固定大小的瓦砖重复使用，不同的场景元素被交换进出创造了一个比实际存在的更大的幻想世界。在早期的游戏（如《模拟城市》、《吃豆人》），瓦砖被用来创建整个关卡，包括建筑、景观、地形，甚至人物。瓦砖作为一种简化场景元素的策略至今仍然用在一些游戏的纹理优化上。

艺术在电子游戏中是“昂贵的”，设计师总是在审美艺术和硬件负载之间寻找一个平衡。内存分配（或内存预算）仍然是设计过程中一个最大的技术限制，艺术家们在他们可以做什么的过程中得到了有限的自由。重要的是要知道由于需要考虑硬件和稳定性，设计师有很多的限制，而这些限制必须体现在创造过程中。

地图需要的元素列表不仅仅包含墙壁和地板的建筑元素。例如，如果你的关卡是一个市场，一些摊位可能需要连接到有篷屋顶或帐篷状结构。这增加了设计的多样性和有机感。其他房间可能是平面或拱形天花板，等等。考察真实城市的建筑物的多样性和基本属性（谷歌地图非常实用）：一个城市，随着时间的演变将变得非常不规则，如果美国的城市规划一样，就会趋于混沌而不是更加现代。一艘宇宙飞船或军事地图的设计将更加高效和精简，那是因为它有特定目的。所有这些变量必须被包含在地图列表中，因为你要在这点上创建一个关卡的物理体系结构。

一个简单的地图将包括：

- 概述/鸟瞰图或关卡的布局。
- 一个关卡地图的关键。为你的地图创造一个关键点，从而定义不同的墙、屋顶和对象类型，这是很好的做法（例如，一个红色的圆圈=柱，棕色正方形=门道，橙色圆圈=拱门等）。
- 墙的类型、房间的类型。
- 家具类型。
- 天花板类型：帆布、拱形、扁平。
- 玩家的目标和事件触发标记（蓝点是一个门钥匙，绿色的点为宝箱，黄色是一种收藏品，紫色是敌人的出现位置等）。

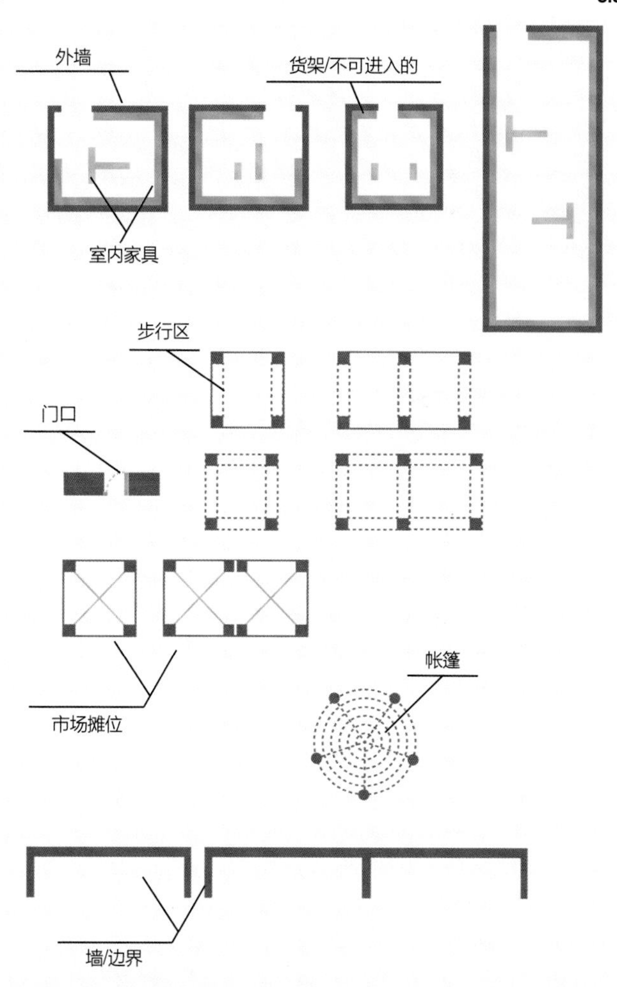

8.7

许多城市都有一个与其相关的模块化的样子，比如这个在突尼斯的建筑，它有增加多样化的小装饰。古代文化贯穿古今，时间的推移为建筑的演化铸就了有机、混沌的审美倾向。

8.8

市场关卡的基本的列表构成和视觉效果。这些都可以被复制并不断循环，使关卡更大。

鸟瞰与环境流动

当开始设计一个关卡，重要的是要考虑环境流动，以及所涉及的游戏玩法（例如，“玩家以怎样的速度旅行？”和“他们在这一关卡上呆了多长时间？”）。这时最容易使用自上而下的地图，因为此时你不用关心美学问题，只需要考虑如何让玩家达到他们的目标，他们可能会选择的方式，敌人会从哪里来等问题。

创建一个自上而下的地图的基础是：

- 环境流动——玩家是否可以很容易地发现目标或基本保持在视图中？
- 游戏玩法——游戏环境怎样支持或抑制玩家？如果空间狭小，游戏摄像机镜头是否可以捕捉到墙上/几何体？
- 明确玩家的目标是什么？
- 玩家是否能够使用地标或位置导航通过关卡？区分不同地点的关卡要素是什么？
- 在玩家过关卡时是否有任何潜在阻碍/窄点？
- 敌人出现的位置在哪里？
- 在哪里放置关卡对象？
- 会在哪里发生战斗？战斗区域的界定和易于区分出的非战斗空间？
- 哪些地区玩家可以访问或不可访问？
- 如何在非开放地区实现不可见？

8.9

《死亡空间2 TM》（Visceral 游戏，2011年）使用碎片、火和其他关卡的视觉元素逐一消除玩家可能通过的特殊途径。野外残骸似乎可以通过，但火灾会造成伤害，就如同在现实世界中一样，所以在关卡中仍然保留。

即使仍然是规划和草图阶段，关卡也可以被描绘出来，并且像一个棋盘游戏一样进行有效游戏。玩家有一个入口点，他们看到什么，他们最有可能去哪里？尽可能提前筹划以使实际关卡的过程更为简化。在下面的例子中，我使用的是赫库兰尼姆市的一部分作为地图。我用谷歌地图来获取古赛镇的鸟瞰视角，然后在此基础上开始建立我的市场关卡（和一些艺术照）。

8.10

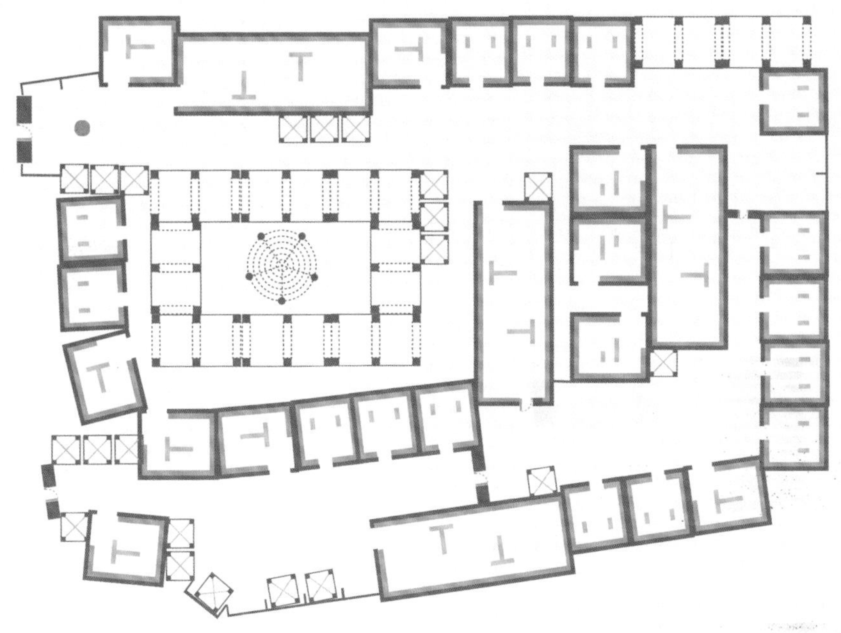

8.10

此鸟瞰图（基于赫库兰尼姆）从图8.8的初始列表显示只有少数元素被放在一起使用。不同位置的重复元素使用让地图感觉很统一。玩家形成的路线很流畅；地图也支持玩家通过探索多种方式访问不同的领域。

提示 **审美疲劳**

你需要确保玩家不会忍受所谓的“审美疲劳”，如果关卡的每一个元素看起来都相同，就可能会有“审美疲劳”。它在早期游戏中很常见，如《末日》（Id Software公司，1993年）。每个房间都是正方形的，虽然尺寸不同，但基本上是一样的，这很快就变得很无聊了。这也使得玩家在很小差异的区域中更难通过一个关卡。

绘制玩家路径

在你设计的任何游戏中，一定要考虑一个以上的玩家类型。因为有些玩家对于探索本身的兴趣超过了他们为了达到某个目标而必须去某个地方的兴趣（第四章中关于游戏五大领域中的“挑战型”玩家），也有些玩家会四处走动只是为了看看能找到什么或者跟什么进行交互（寻求“好奇”和“刺激”）。关卡设计需要同时照顾到这样的玩家，所以“好奇型”玩家可以从关卡中收集隐藏的道具，“挑战型”玩家可以通过店铺标识或者视觉线索决定去哪里并以最快速度完成任务。就算给玩家提供了他们最喜欢的玩法，关卡设计者仍然可以把玩家放置于一览无余的荒地，从而略微迫使“挑战型”玩家放弃自身喜好去收集些东西或其他什么要寻找的物品。这样可以鼓励玩家更积极地观察周围，因为一旦他们获得了某样物品，收集概念就在玩家思维中形成，他们就更可能开始积累各种物品。也就是说，关卡设计是有意识地阻碍玩家自身的路径，迫使他们探索并捡拾本来会让他们感觉崩溃的每一样物品。

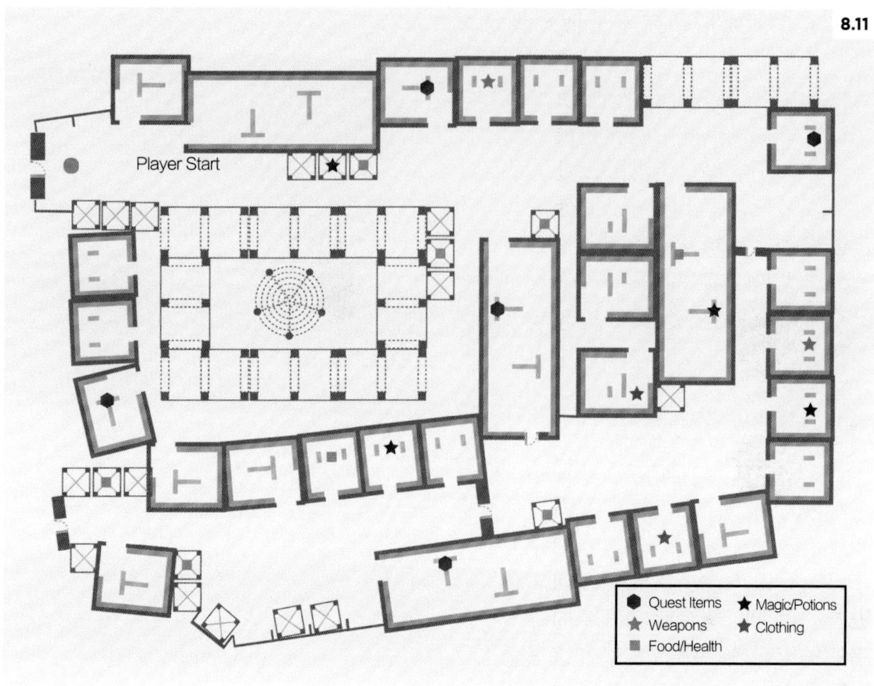

8.11

一张市场地图，关键在于列表中目标的设置。包括任务物品、魔法及药水食品及生命值、服装和武器。这些都是在鼓励探索的层面上展开的。

提示

掩体

在看不同位置的视觉元素时，重要的是要考虑你提供的是掩体有什么选项（这并不只适用于射击游戏）。掩体角落或门廊可用于隐身（隐藏）也可能是设计师为玩家放置物体（例如一个收藏品）的地方，如果它“隐藏”在不规则形状的区域，相对固定的环境中将更容易找到该对象。这也成为一个技能学习的关卡——任何不寻常的或不规则的地方可能是值得探索的，这增加了你的游戏深度。

视线和路径

作为设计师，你清楚地知道玩家将在哪里进入一个关卡，玩家路径可以很好地引导玩家，当大多数玩家进入一个新的关卡任务，他们会跟随自己的视线，特别是如果他们看到远处有感知的目标后进行合理的假设。即使他们不确定最终的目标是什么（如它不是在地图上，或者它不能在距离中被看到），玩家在3D和侧滚动游戏里是可以移动向前，远离背后或离开它们。这个核心玩法被嵌入到多种游戏中，玩家们已经习惯了这个惯例。

另一种策略，如果设置一眼就能看到的明显目标不太可能，那就需要利用差异性。这里需要某样物品或地域能够击中玩家的好奇心，驱使他们向那个目标进发。例如，一个明亮区域内的一个黑暗的关卡足够说服玩家来到这里，是因为我们在心理上会回避“不安全”的黑暗地方，视“光亮”处为“安全”的地方，所以我们本能得会向它靠近。

其他约定可能在现实世界中是没有意义的，但在游戏中会起作用。例如，当玩家进入一个新的关卡时，会把一个门放在他们的视线中说明它是要调查的目标。即使他们越过了直接路径，也很可能会回来，因为这是他们看到的第一个东西并因此被赋予特殊的意义。一些游戏会使用很短的动画来强化，如飞蛾引导玩家通过关卡，或进入下一个关卡时向他们展示他们寻找的目标，如《古墓丽影》或《秘境》。

8.12a

从《战争机器3》，这一关卡，被称为“仁慈庭院”，为玩家建立了长距离视线的多个掩体区域和通关路径，敌人会在各种不同区域中出现。

8.12b

这是《秘境3：德雷克的欺骗》中“别墅”关卡的一部分（顽皮狗工作室，2011年）。它可能不像看起来的这样，敌人在关卡中有瓶颈点和埋伏点。关卡中设置有明确的目标：玩家必须从庭院的一个侧面到另一个侧面。

视线限制

在关卡结束部分出现的门很容易获得玩家的关注，但如果情况是设计了很多个门，而且当玩家在关卡中继续移动时，那个作为终极目标的门很难被发现，那该怎么办呢？这里物体交互和细节环境设计就要起到重要作用。例如，一个市场关卡在一定距离内可能有三个开放的商店，而离玩家最近的商店被关闭。这会鼓励玩家在街上限制性移动。类似地，如果所有的商店都关门了，但在街上有些手推车里有很多货物，玩家会非常好奇地过去一探究竟，因为他们会好奇为什么这些货物在那里。其他“装饰性”元素或布景也可以引导玩家；例如，路牌上可能有地方玩家从来没有听说过，但方向箭头会指向玩家的目标方向。内部空间可以在每个酒店和办公空间使用无处不在的“出口”的标志来引导玩家，依此类推。

在最初的总览图中，就应该明确在游戏原型中角色的视线在什么位置，不过需要保证游戏引擎可以提供解决方案。在蓝图中，绘制出可行的视觉线路是一个极好的训练，可以用连续性设计实现关卡的理想化穿越。这会告诉你，当玩家进入某个空间的时候，他们应该更多或者更少地移动。例如，当玩家进入市场时，她的视线集中在远处一个药房的标志上。玩家知道她的使命是寻找药物成分，所以她可能会走向这家商店。当她离开商店时，她会远离她已经到过的地方，新的视线将瞄准在下一个关注的地方（例如，推车），而你将通过关卡带领玩家靠近她的下一个目标。

假设你希望玩家花一些时间在关卡上，你就需要突破视线的限制去增加探索的感觉。先从关卡入口处画一条直线，再把建筑和其他物体设置在视线中（展示他们当前的视线）。然后，你可以判断一个玩家需要移动到什么地方才方便去看周围。这可以用来建立恐怖游戏的紧张感（用一些漫长昏暗的走廊），另一种类型的探索感，或者敌人躲藏在视线以外的不安感。所有的一切都迫使玩家不停重新构建视线用以发现目标，从而更深度地沉浸到游戏环境中。

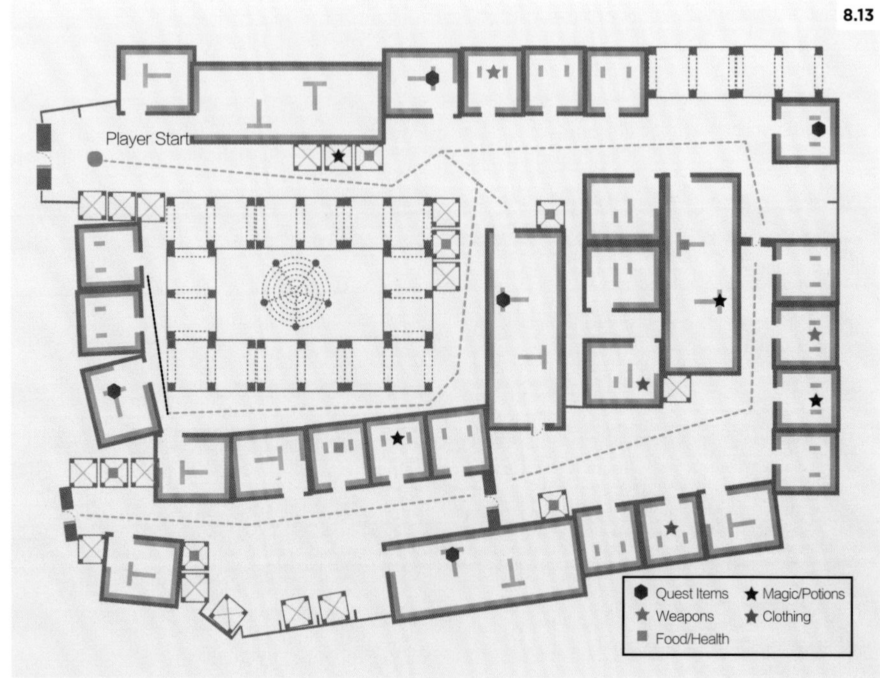

8.13

从玩家的角度来看市场关卡与预期的视线。我们可以看到玩家是基于视线去选择可能的路径，所以现在我们需要考虑在这条路径上设置什么，对于玩家来说才更实用和更有趣。

激发点

关卡设计还包括伏笔的元素：透过窗户或一个封锁的区域看见一座高塔，让玩家知道他们需要去哪里。然后，玩家再弄清楚如何到达那里。这被称为“激发点”。当玩家仍然在本区域中时就可以展现关卡的另一个部分。激发点对提供目标是很有用的，甚至不必依靠画外音或与其他设备的交互来揭示叙事。

循环和探索

城镇、城市、甚至宇宙飞船都不是完全的线性空间。有多个入口和出口的街道、小巷和小木屋，有时是内部相通的。作为一个关卡设计师，你可以利用优势整合你喜欢的空间。这意味着一个玩家可以被鼓励循环回到以前的一个区域关卡而没有负面的回溯体验。例如，你可以将一家商店的后门打开，打开一个小庭院，院子里可能有一个门，连接到另一个商店的后面。这为玩家在探索地图时提供了选择，说明游戏可以是非线性的，并鼓励玩家搜索。增加循环会使玩家感觉到空间的真实，因为我们倾向于理解世界是相互关联的。对于关卡设计师来说，这是一个很大的捷径，如果玩家能够直观地理解关卡中的空间是如何工作的，游戏将会变得更加逼真。

循环策略看上去似乎违背了玩家直接锁定一个目标的概念，但玩家不需要完全的目标导向。循环提供了一种内在的奖励形式（我们将在第十章中讨论奖励）。你作为一个设计师应该奖励玩家去探索——为了不费心思去花时间真正地看周围的关卡。循环策略的缺点是，它们可能成为玩家的陷阱。除非在关卡场景中有数量合适的变动，否则玩家会很容易迷路。如果他们从一个商店到类似的商店再转过来，当他们想回到自己最初的目标时，就会很容易变得崩溃。这时视觉参考，置于适当的地点的“装饰物”可以提供帮助。如果每一个商店至少有一个定义它的物体，那么玩家可以将该物体作为一个具有里程碑意义的形式。如果他们看到了两次，他们知道他们已经围绕循环，可以原路返回或尝试另一条路线。

8.14

展现结构是关卡设计激发点的一个典型案例。如在《辐射3》中的城市。因为视觉结构与即时环境差异很大，玩家准备探索的区域与他们当前所处的废墟之地不同。玩家预期到的NPC，任务给予者和对话。一定范围内，兆吨是驱动玩家靠近它（或远离它）的唯一明显的地标。

案例分析：《枪口》，游戏的进化

汤姆·弗兰西斯
设计师，编剧，程序设计者

约翰·罗伯茨
首席艺术家

瑞安·艾克
首席作曲家

费边·凡·多米连
背景设计

弗朗西斯科·塞尔达
作曲家，负责音乐列表

约翰·罗伯特·马茨
作曲家，负责主旋律

8.15

固定摄像机的视角为玩家提供了关卡的整体概述。当游戏开始时，视角的放大使得玩家与主要角色可以相关联。

《枪口》的进化

《枪口》是独立开发者汤姆·弗朗西斯创造的一个隐蔽类解谜平台游戏。游戏设定在不久的将来，玩家扮演自由职业的间谍理查德·康威的角色，潜入建筑中以完成各种客户的任务。玩家必须借助交联工具的功能避开警卫和绕过保安，接通电路。

点击目标人物以实现跳跃的灵感，是下意识地来自于《神话精灵》游戏（Wik and the Fable of Souls，Reflexive娱乐，2004年），关于一个青蛙跳跃和它的舌头摆动。找到潜入建筑物的创造性的方式，灵感来源于《杀出重围》（Lon storm公司，2000年），特别是企图扩大重新接线的方法并专注于让玩家颠覆环境的一种尝试。根据弗朗西斯的说法，一个局限是不知道怎样在GameMaker软件中建立一个游戏，或者用这个软件能够怎样制作一款游戏。对于游戏的样貌和感觉很多来自于研发阶段对于软件的摸索，艺术设计必须与游戏引擎的局限性相匹配。

8.16

关卡的审美与黑色侦探电影风格保持一致。游戏本身是基于传统和环境解谜的混合，玩家通过操纵关卡元素来获得成功。

机载和玩家反馈

第一个关卡中要使用重连能力进行大量迭代，但概念都是一样的，摆在玩家面前的问题是：（a）如果没有重连就不可能完成任务，（b）重新连线极为简单。只是一个锁着的门、一个灯开关和一个灯。打开门的唯一办法是启动重连模式，点击灯开关，然后将灯关联到门——所以弗朗西斯为玩家提供了这些控制并留在那里。

当测试者在家里玩游戏发邮件反馈时，几乎很少提到在第一次挑战时遇到困难。但是，当弗兰西斯看着人们在游戏开发者大会展会地板上玩它时，很多人出于误解而试图去连接大门的电灯开关，而不是用其他方式。因此弗兰西斯将关卡设计进行返工，连接的视觉表现更加直接，调整符合大多数人的行为方式，可以理解的玩家从50%上升为90%左右。

有趣的是远程反馈和观察玩家之间的差距。弗朗西斯认为，事实上很多远程测试员对第一个重连问题感到困惑，因为一旦你理解它的逻辑，那么他们刚开始看到重连会认为是自己的问题而一下子无法理解（不会因此而报告问题）。正如弗兰西斯所说：“这是很好的，但作为一个设计师，最好知道什么时候是反直觉的。即使你最终并没有责怪我，我也不想让你有一种对于简单谜题的困惑经历。”

平衡难题

弗兰西斯解释到，游戏随着时间不断进化：“我还没有真正开始做一个益智游戏，我真的不想制造困惑：在传统的意义上，一个难题是某个特定的解决方案的障碍，我的原意是要模仿《杀出重围》的方式给玩家足够的灵活性，从而创造出连设计者没有想到的解决方案的工具。”

“对于交叉连接是一个令人兴奋的能力，你必须精心制作，它是有趣的事情。但是，如果你给了玩家太多精心、有趣的选择，他们会从中发现和选择一个最容易、最简单的，并不会发现有趣的精心设计。”

“经过几轮测试和关卡返工后，我似乎定了个两全其美的方案。我设计的关卡，使刚开始闯入大楼变得容易，有很多不同的方式来做到这一点。一旦进入，到达你的目的地将变得复杂，涉及危险和警卫，但有很多寻找自己的方法的潜力。然后，打开最后的门，或越过最后的障碍，我故意设计了一个艰难的难题，只有一个或两个解决方案，这需要玩家一些精神上的飞跃来认识到如何把不同事件串联起来。”

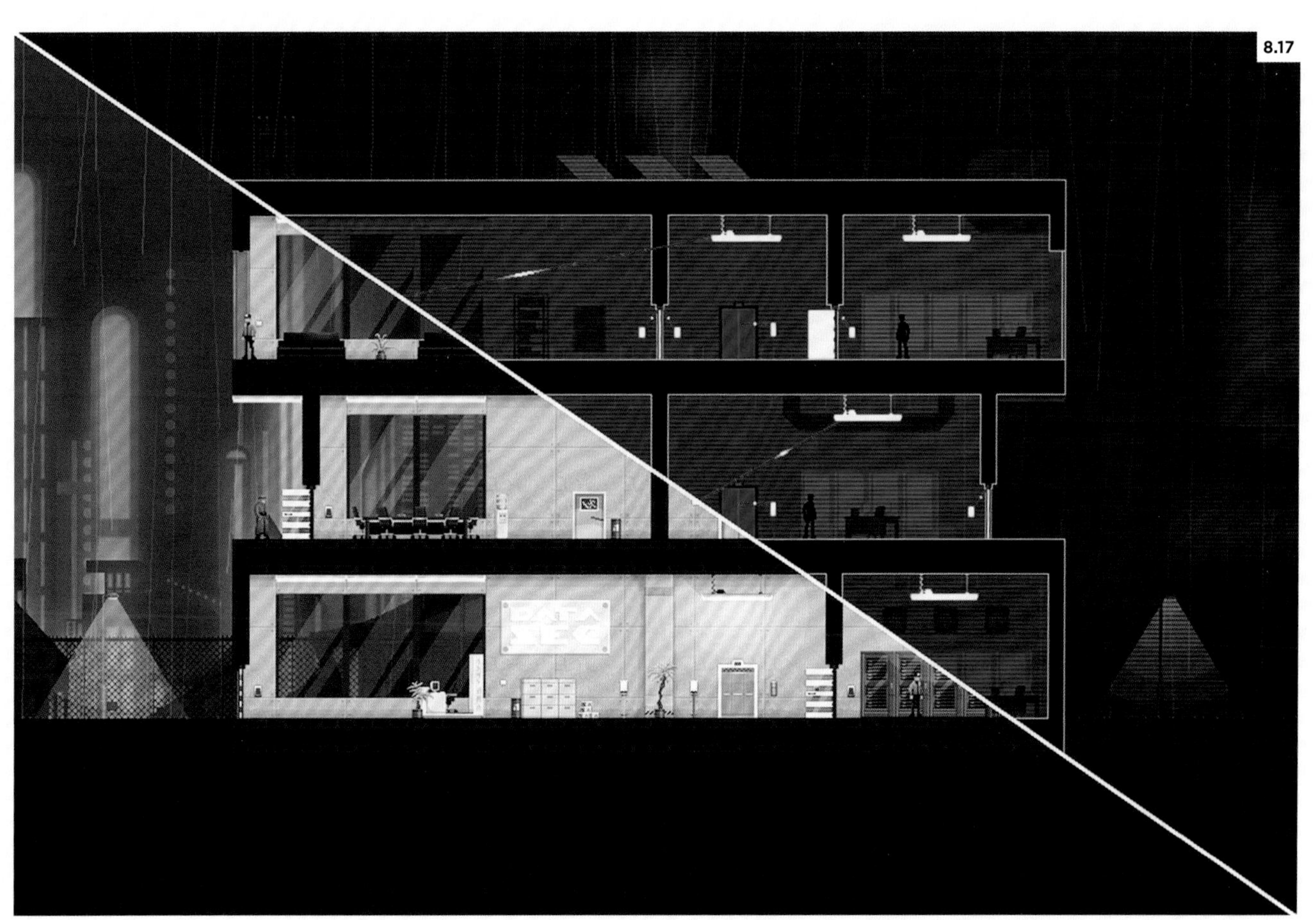

8.17

8.17

这个剖面的图片显示在交叉连接模式中，相同的关卡实际上是怎样的。交叉连接方式使你能够重新连接建筑中的电子元件：你可以看到一切都关联了，拖动这些连接在关卡中按你想要的方式工作。

本章小结

考虑市场设置关卡的案例请参照图8.10和图8.11。到目前为止，我们只学习了如何利用地理和场景设计来影响玩家通过关卡的路径。这是一个重要的步骤，我们现在可以在这个基础上添加非玩家角色、敌人和任务物品使关卡设计得更加细致入微。作为关卡设计师，我们可以很微妙地教玩家如何驾驭简单的提供的玩家还没有看到的元素。例如，通过改变架构（或仅仅改变纹理），而不是用一个门作为一个标志来说明“去那里”，在玩家周边的角落中，我们可以设计一个墙面看起来与玩家已经看到过的那些不同。如果市场上的墙壁大多是砖的质地和颜色，引入一块不同的砖或白色墙壁会成为一个路径的指向。这有助于防止审美疲劳（因为没有太多一系列有趣的门）。坚实的墙壁、几何形状的透明物体，装饰品和设置设计都有助于在关卡中引导玩家或快或慢的走向目标，这是游戏体验的关键。

在下一章中，我们将通过检查材质贴图，设置玩家边界，以及用一个关卡的模块化设计以建立关卡设计的概念。

讨论要点

1. 看一看你最近玩的关于第一或第三人称视角的游戏。如何通过摄像头和角色角度告知关卡?

2. 有些游戏如《最后生还者》、《生化奇兵：无限》或《兄弟：双子传说》（Starbreeze工作室，2013年）经常使用激发点叙事游戏结构。你认为激发点的优点是什么？它是否打破了玩家的沉浸？它是否有助于或阻碍玩家的任务？你作为一个玩家，之前有注意到激发点吗?

3. 调查不同游戏类型中使用的不同的寻路系统和循环方法。它们是如何告知游戏玩法的?

第三部分
系统和设计世界

第九章：
引擎

本章目标：

- 将关卡的原则进一步融入到你的游戏中去
- 确定规模大小，建立寻路系统，采用模块化建模
- 为玩家创建引人入胜的关卡

9.1

《上古卷轴5：天际》的概念设计，由Bethesda公司开发（2011年）。

连接美学与玩家导航

本章是前一章关于游戏原理内容的延展，扩展到关卡设计的具体细节。为了让你的游戏创作出具有吸引力的关卡，我们将会更深入研究如何构建你的设计词汇，使之涵盖所有的重要元素。

电子游戏比过去更加开放，而带来的更大问题是创建真正开放的世界是非常昂贵的，玩家可以去到她或他喜欢的任何地方。当一个游戏开发者开始工作时，有野心是好的，但过于雄心勃勃和不切实际的话，会适得其反。所以让你的关卡更小、更易于管理，是创造和真正成就游戏的关键。解决大小与深度控制问题的一个很好方法是使用关卡边界。

当措施完善时，边界可以给玩家一个开放的错觉，没有被阻止进入一个小区域的感觉。例如，在《光晕2》中（Bungie公司，2004年）星球关卡似乎非常开放，通过巧妙运用天空与山和茂密的植被覆盖的组合。但事实上，玩家可发挥的空间很小且受约束（这种技术已经应用在游戏《生化危机5》中）。边界帮助玩家学习地图或使设计人员能够控制玩家的进展，使玩家只可以进入他们需要的区域（例如，在《刺客信条》中，区域限制甚至在玩家已经达到了一定的水平或完成特定的任务时依然存在）。边界也会锁闭空间，因为在贴图后什么内容都没有，也许是因为硬件或时间的限制，或仅仅是因为不需要开放每个建筑（世嘉的《莎木》试图在1999年颠覆这个限制）。

9.2a

在《顽皮狗》《美国末日》的关卡设计中视觉上感觉非常开放，但给玩家明确规定了界线。使用高的墙壁、树叶和堆积的汽车以及导航给玩家界定了很多限制，同时保持了游戏的美学风格。这张图片也显示了一个激发点的例子，乔尔指向了目的地。

9.2b

在《战神》（SCE Santa Monica Studio，2005年）的关卡中采用了建筑和框架，即使在显示最佳路径时不使用箭头或指示功能。照明也能让玩家的注意力转移到周围的空间和台阶上。

一致性是关键

当涉及关卡设计时，设计师经常使用人机交互（HCI）的术语，“可见性和可视性”。可见性是指有多少信息通过界面提供给玩家（身体状态的视觉反馈、地图或者竞速游戏中的仪表盘），可视性是指一个对象的属性（一扇有门把手的开着或者关着的门）和它的属性如何被玩家感知。功能可视性规则不一致的一个案例是从《古墓丽影》到《生化危机》，再到《神秘海域》中的那些可以攀登和不可以攀登的墙体。在这些关卡中，有些墙体玩家是可以翻越的，它们看上去会有些不一样（在《古墓丽影》中，设计师利用白色标注可以攀爬的墙体），但是在其他空间中，哪怕是矮小的栅栏或者半高的墙体也是不能攀爬的。当接近这些障碍，角色会被反弹或者只是进行一个“攀爬”的动画却依旧在那里。这些打破了功能可视性规则，因为墙体可以攀爬是合理的，特别是低矮的墙。打破功能可视性规则很可能导致玩家需要耗费很多尝试和错误才能找到哪些墙体可以爬，而那些不能。《古墓丽影》中回避这个问题的办法是通过清晰描述可以攀爬的墙体来对比不能攀爬的区域（包括使用白色“摩擦痕”标注出可以攀爬的墙）。然而在《刺客信条》中，有很多可以通过的区域，却也有很多区域毫无理由的不能攀爬。

不一致的边界，可见性和可视性是非常重要的问题，因为在电子游戏中，玩家总是在学习和寻找一种模式。如果玩家跨越了岩石X，那这块石头是可以攀爬的，然而到了岩石Y，看上去完全一样却不能攀爬，那么他们就无法从中学到究竟能做什么不能做什么。对于看得见和看不见的障碍物也是一样的。例如，当玩家看到岩石间或者森林中的大型裂隙，他们并不适合通过，那么这些缝隙就是没有意义的，除非设计师引导玩家去学习哪些是障碍哪些不是。不一致的边界和障碍并不总是不完整的设计造成的。许多地形和游戏世界是程序生成的。所以说，他们是基于参数设置来撰写代码建立飞行（例如，《我的世界》，Mojang开发）。

一个避免不一致性的可靠方法是利用精细的指标。例如，你可能有一个破碎的墙体可以轻易爬过去，那些高的、完整的墙则不能攀爬——这就构成了一个精细的、一致的和具有逻辑的规则，向玩家表明了关卡的运作方式。密集的森林、悬崖峭壁、水或城墙包围的城市都可以使用边界结合玩法的方法。它们帮助玩家聚焦在那些关卡中可以通过的部分，而不会纠结为什么他们可以通过某个地方的缝隙却不能通过另外一个。

9.3

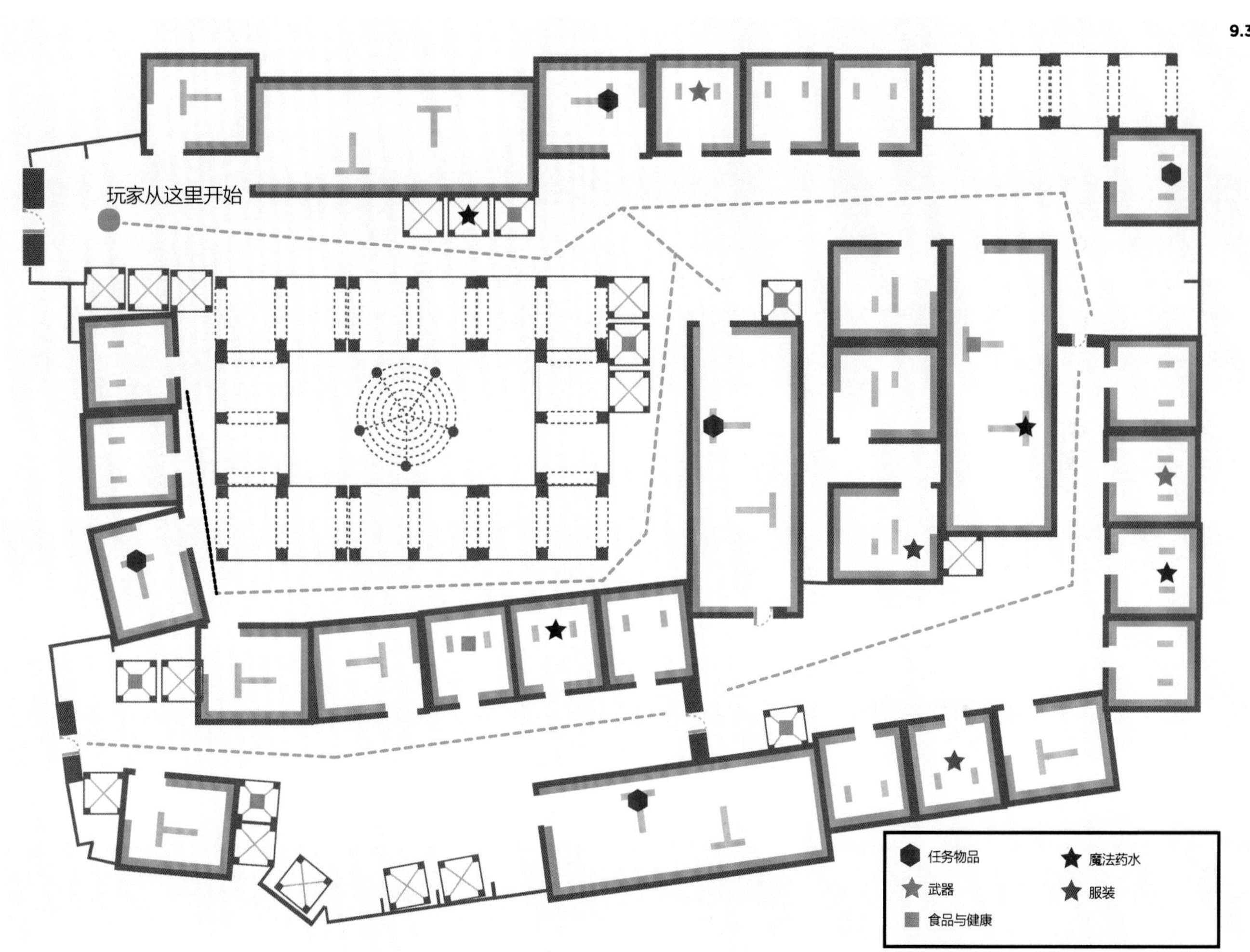

9.3

地图上显示了市场有边界的外墙（在一个更大的城市内）。玩家现在被限制在一个游戏关卡的边界中，这是非常有意义的。

大小和视野

边界允许并定义玩家的行动。另一个在关卡设计中要考虑的因素是规模大小。无论你是想建立一个拱门的大小，或确定一个角色的视野范围，都可以回顾你的参考照片。虽然摄像头并没有记录一个人的所有视野，但在第一人称或第三人称游戏中，只要做到能完成目标任务就可以了。（这是一个估计的过程。平面设计师，从最初的蓝图入手。考量更严格的细节和利用建筑的高度、宽度等数据）

当艺术家和设计师走出去采风的时候，他们通常会把自己或者其他人放在照片上，记录一种尺度感官。使用已知比例的人，更容易推断出物体长宽，并总结出究竟需要多大的范围是合适的。为了让玩家获得最佳的沉浸感，你需要用一个静止的镜头，或是与游戏匹配的视频截图。例如，当走在一条真正的街道的中央，如果一个活动的相机可以看到两层到三层的建筑物，那么就可以确定它为在游戏中的相机位置。

从不同角度拍摄一个结构或区域的照片以覆盖全部的元素，这也是一个好主意。拍摄对象和纹理的特写镜头等等。如果一个物体的照片在特写镜头中有一定的细节，当玩家的角色在游戏中接近它时，该物体将需要大致相同的细节。如果一个物品从远处看起来很逼真，但当玩家接近它时发现细节并不尽如人意，这就会影响到玩家在游戏中的沉浸感。详细地大小调整将使纹理表现得更加准确。它可能涉及大量的计算，让游戏中的细节层次之间实现平滑切换。

9.4

从一个人在镜头中的行动可以推断高层建筑或其他元素的大小。对于现代建筑同样如此，你可能会从中发现精确的尺寸，合适的人和建筑的尺寸是一个构造建筑模型的良好开端。

层次细节、动态地形网格和连续的细节（LOD）等等，都是通过数学算法来解决平台的纹理和细节问题。基本原理是玩家可见的越多，图形处理器要处理的工作就越多。所以为了最小化处理器的工作量，算法将会利用“剔除遮挡”来交换纹理（参照P184页盒子）——哪些玩家可以看到以及玩家到目标的距离。遥远的山脉很可能是低模来建的，因为它们不需要细节；近处物体，例如建筑和其他角色，会有很多细节。这些技巧极具技术性，就像你想象的那样，甚至顶级游戏设计师们出手的游戏也会出现“纹理替换”：玩家可以看到高质量的纹理替换低细节的纹理。

在游戏引擎中放置简单的已知大小的三维对象（2.1米高的墙，0.9米高的桌子等）可以让你迅速和轻松地了解游戏引擎中所需要的视野（28mm镜头，60mm的镜头等等）。当然，有许多技术和方法来做这件事，但这是一个很好的方法，尤其在早期的设计原型阶段。现在游戏中你有了一个玩家，还有一些可以移动或者通过的模型，那么你已经建立了玩家的视野，现在是时候考虑如何通过导航来引导玩家完成游戏关卡。

9.5

《神秘海域3：德雷克的欺骗》（顽皮狗工作室，2011年）为关卡增加了“垂直性”，为环境增添了一种规模感和复杂性。

9.6

不同距离的纹理参考图像可以极好地利用在原型纹理和建模方法中。当我们接近时，我们的眼睛在近距离上捕捉到的物品是精致的，这在游戏关卡中是存在共性的。通常当角色接近时，纹理会被游戏引擎交换出去，因为给每个物体加载大量高清晰度纹理是一个非常密集型的图像处理工作（图像处理单元）。用程序代码“欺骗”玩家，只有在玩家接近某个物体时才会加载细节纹理。

提示

遮挡剔除，叠加绘制，视锥体剔除

游戏设计是基于硬件的一系列妥协。总是抵消图形、交互和渲染平台的处理能力。传统三维引擎是从距离摄像机最远的点（或者玩家主观视角）来渲染对象的，因此近处对象就会被再次绘制。这个被称为“叠加绘制”或者多细节层次（LOD），它是由硬件生成的。它可以在创作应用软件中（例如MAYA、3D Max）或者是游戏引擎中进行设置。

剔除是一个更优雅的解决方案，因为它不是由相机的可视区域外的物体绘制。然而，它仍然使用透支，并概括哪些可以被看到（即便是在玩家面前有堵墙，所有背后的区域依然会显现）。该方法在较小的环境中工作得很好，但在更广泛的开放空间中，它会给图形处理阶段增添不少负担。

Unity和其他游戏引擎所使用的更通用的方法称为“遮挡剔除”。这种方法只提供玩家看到的地图中的元素。遮挡剔除的过程需要有一个虚拟摄像机通过水平状态确定什么是玩家可见的和什么不是。这减少了“绘制调用”（信息发送到图形卡和处理器），并释放了宝贵的性能资源。

遮挡剔除确实需要一些手动设置和预先规划如何创建水平几何体，但它对于游戏的流畅运行而言是值得的。例如，如果一个房间被创建为一个大的连续性模型（或网格），它只能被遮挡或不被遮挡（开/关），这是更昂贵的图形化处理。如果一个房间包括四面墙网格，一张桌子网格，一张椅子网格，一个地面网格，等等，那么它们就可以开或关，所以通过不渲染那些在玩家视野之外的物体来更好地工作。需要进一步阅读在背面剔除和优化过程中隐藏的几何去除以及其他的技术，详见本书的网站：www.bloomsbury.com/Salmond-Video-Game.

提示

视野和视锥

视野是指从游戏摄像机机位透视角度看到的游戏可见性空间。对于视锥最好的描述是从摄影机平行平面发射出的圆锥体视觉范围。有时会用术语“视觉金字塔”来代替视锥。这个区域的视觉形态各异，主要取决于模拟的摄影机镜头的大小。

除了视野中的平行线，视锥有两个面，近平面和远平面。通常游戏引擎不会绘制设置在近于近平面的对象或者远于远平面的对象。在某些情况下，例如开放世界游戏，远平面会设置为距离摄影机/玩家无限远，那么视锥中所有的对象都可以被绘制（例如在《天际》中只要在户外就总是可以看到远处的山脉）。

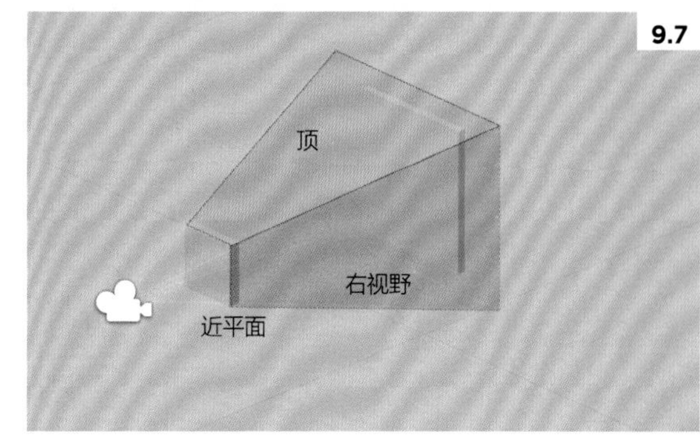

9.7

这里更详细的图示描述了当摄影机/玩家聚焦游戏中的某个对象时，他们的视域及与对象的距离。这个对象因为近平面而显得更近。在玩家向对象移动时得以补偿。

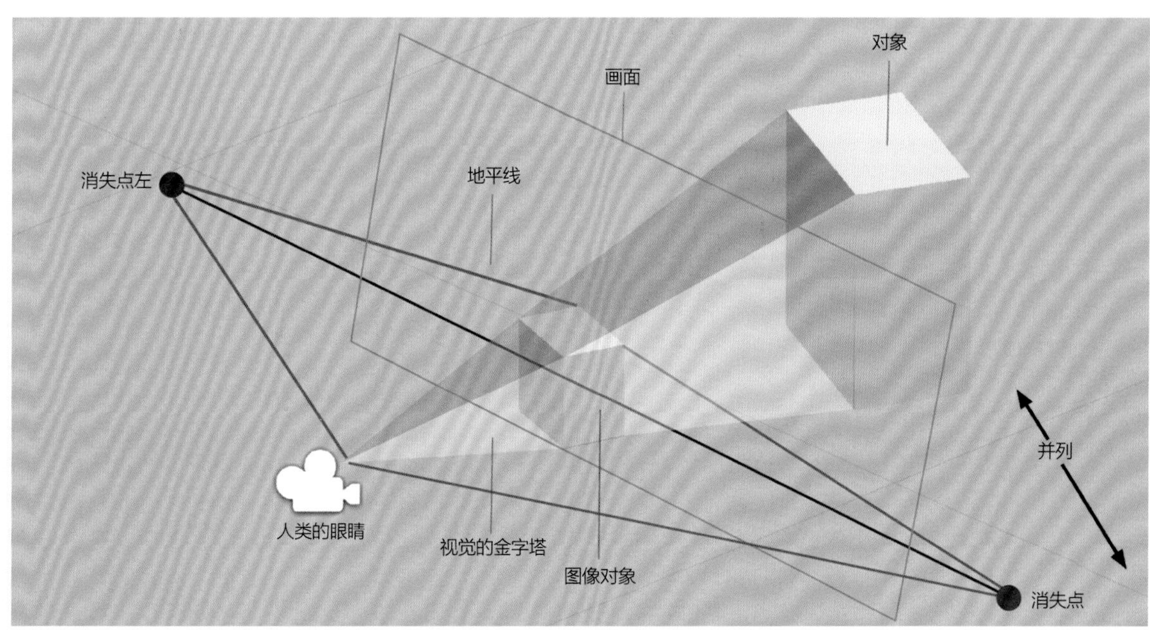

寻路系统

正如我们已经看到的，当创建一个新的世界时，关卡设计师需要帮助玩家通过不熟悉的空间，而且不能迷路（这是特别真实创建开放的或多路径的世界）。我们需要帮助玩家使用路径工具找到自己。这是玩家互动的工具，玩家可以看到，显示一个路径A到B（例如，屏幕方向箭头，《寓言3》或《死亡空间》）。这是一种先进的技术，其中包括相当数量的编程和实际操作。简单的寻路标志是隐蔽的或明显的艺术品或建筑。对于一个城市的人来说，即使是外国的人也很少见，因为在所有城市都有一些共同的元素，所以要不断地走出地图。有一个在建的“元城市”模型，大部分是可以与我们共享的。城市通常有一个商业区、一个历史街区和一个购物区。例如，在图9.3中所示的市场图中，我们可以将商家类型或住房样式集合起来，这样玩家就知道他们是在一个肉类包装区域或一个低租金的贫民窟。这是一组玩家可以浏览的视觉线索。

另一个寻路的方法是利用不同的纹理，或者利用不同的墙色或砖去强调一个区域的变化，去突出一个具有里程碑意义的地标。虽然在大多数真实环境中，这并不是很明显的，但是在游戏中，玩家不能要求方向，并且方向感有限，这是非常有用的。播放器的导航援助是游戏中另一个明显的标志。偶尔使用，不过有迹象表明，人们可能不去阅读（或显卡不足以渲染），这可能导致玩家迷路。这也消除了玩家的探索意识。如商人在店里工作，彩色的遮阳篷也增加层次设计。例如，红色遮阳篷可以表示一个肉店，蓝色遮阳篷可能表示一个裁缝店。这些也更容易在一定距离上通过快速扫视而被看见。

寻路系统有时候被遗忘的部分是回答这些问题，玩家在哪里刷副本或者哪些关卡中他们应该会死掉、出局或者重启关卡。也许总是在同一个地方，但也可能是随机的。这个决定，与本章中提到的其他很多决定一样非常关键，需要在开始美术设计和动画之前达成一致。如果玩家在各种不同的地方重启关卡，利用关卡中他们所处区域的道具与玩家沟通很重要，那样玩家才可以被轻松导航到想去的地方。另一个方法是在界面或迷你地图上给出寻路标记，提供粗略的方向线索。在大型开放性游戏中，玩家可以自己设置寻路者或者“任务标记”从而确保在探险中不

9.8a

在《寓言2》的鲍尔斯通城里（Lionhead工作室，2010年）利用瓦或标志来识别不同种类的商店，以及对建筑色彩的细微变化来帮助玩家进行区分。

9.8b

游戏《上古卷轴4：遗忘》中（Bethesda公司，2006年），虽然有标记和交互式地图，设计师仍使用道路标志，因为这带给玩家身临其境的视觉感受和增加对环境的现实感，这模拟了我们的现实世界。

会迷失。重申一下，作为设计师你需要分析不同游戏的寻路系统，哪些有用和哪些没用，然后决定哪些是你要在游戏中实现的。越简单且流线性越强的寻路系统越好。

他们就可以很轻松地导航到遗忘的地方。另一种方法是在接口或一个迷你地图中，给出粗略的定向线索或使用寻路者标记。在更大的开放世界游戏的寻路者或“任务标记”可以由玩家设定使自己不迷失的探索。再次，作为一个设计师，你需要分析不同游戏的寻路系统，什么是有效的，什么不是，并决定你想在你的游戏中的实现的东西。比如更简单和更精简的寻路系统，等等。

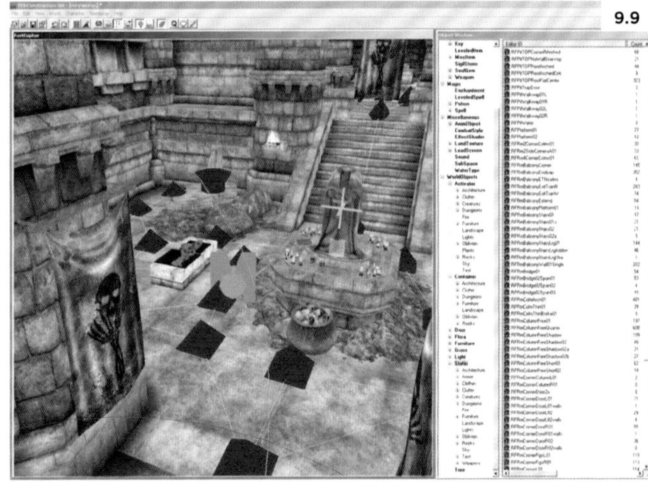

9.9

这些《上古卷轴4：遗忘》的关卡设计截图显示了从实体对象的线框部分移动到玩家可能选择的路径以及交互对象的过程。有些对象需要自动动画（蜡烛、旗帜等等），有些是在玩家探索中触发的。

9.10

在我自己的游戏中，我使用了突出的特征和关卡照明来烘托目标，并作为导航线索。

模块化的模型和纹理

关卡设计师总是在寻找高效的设计流程。最好的方法是使用一次元素，然后过段时间再使用一次。路灯、拱门、墙面、遮阳篷、窗户等都可以重复使用，用于给关卡增加氛围，同时也减少使用绘制图形处理器。这些都是相同的纹理，比如地砖、石膏墙砖等，所有这些工作的模块化设计，都可以应用到一个模型的实例中。例如，一个长长的走廊和油漆剥落的纹理和墙皮也可以在同一水平的地方作为一个废弃的仓库内墙。设计师可以使用模块化纹理上的任何项目，反复出现，从箱子上的木材纹理和水果和肉类的商店橱窗。家具和物品也可以重复使用相同的纹理，并不会使视觉上变得不一致。

然而，纹理跟创造艺术作品时不断重复一样，可能会被滥用。在小空间中，纹理不断地重复会成为视觉上的负担。如果有一个长的、连续的纹理（比如一个长路径或大庭院），寻找突破可使用交叉纹理。添加小道、窗户、排水渠或粗糙的地面是既可以打破视觉单调，又可以避免过于繁重的硬件加载的极好方法。

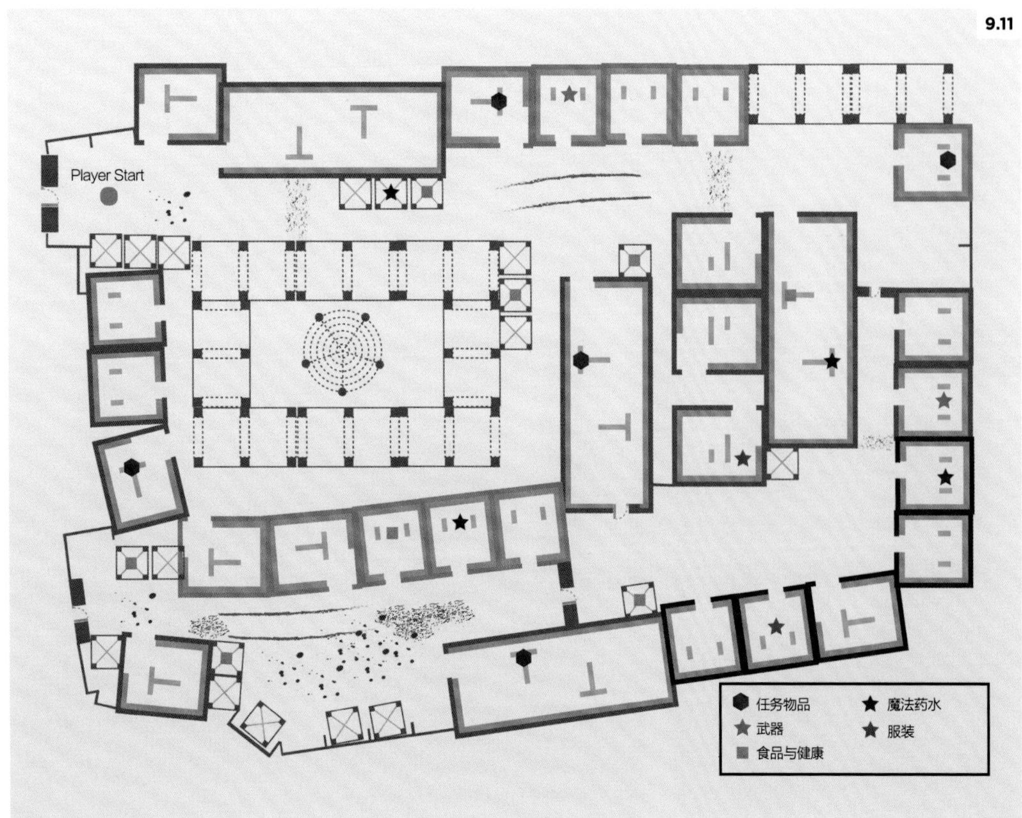

9.11

市场上一些确定的场景地标可以通过标志性设计来进行差异化体现。这可能是车轮车辙、沟渠、污垢或砖块。左下区域的城镇会变得不理想，因为它变得更加凌乱。

纹理片

设计中，当高效地将纹理反复利用在建筑、家具和其他道具美术上时，需要用我们所知道的纹理片来规划这些纹理。一个纹理片可作为某些固体的颜色，是真实的纹理，将在以后添加占位符一样简单。因此，如果一个浅棕色的是一个特定的石膏纹理，而且是你想要使用的纹理贴图，那么可以建立3D模型，那石膏质地的所有部分都会变成浅棕色的。

纹理片可以简单到只是一个PS文件，用一个矩形贴片给你在关卡中可能需要的材质做一个“拼接”映射。举例说，那里也许有墙面、块石路面、水泥、石头、木头、布料和金属。最高效的方法是先有一个概览，如哪些纹理需要怎样改变，或是如果有太多的重复或视觉上流畅度不好需要移除。在游戏开发早期原型阶段，除非你确定关卡本身没有问题，不然开始纹理映射意义是不大的；如果你的模型过于复杂则会拉慢引擎速度，迭代过程则会更加痛苦。

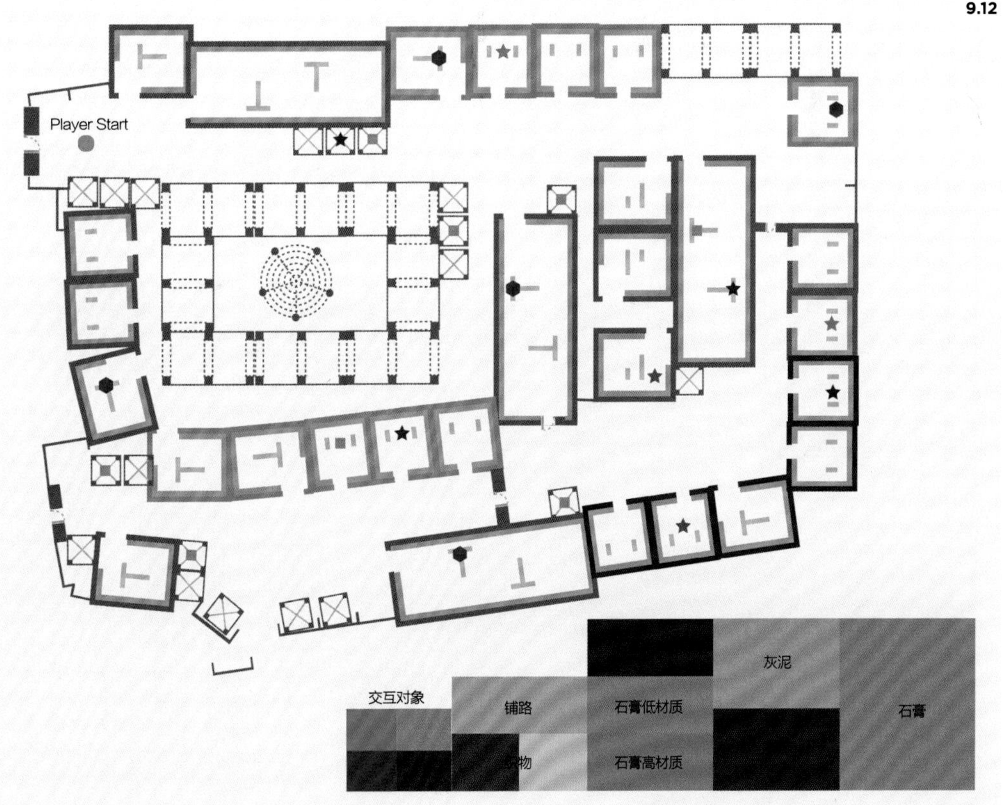

9.12

市场纹理的关键是将颜色与相关纹理进行匹配。

纹理图集

一旦纹理映射到关卡的模型，下一步是创建了被称为纹理的集合。这些类似于一个纹理片，但它们包含了所有你将使用的实际纹理。纹理集合将石头、木材、金属和织物放在一个或几个大的位图文件中。然后将这些分配在纹理坐标映射表，这是建立和加载到游戏引擎的关键步骤。坐标被用来缩放和映射纹理坐标，来对应每个具体对象（例如，纹理的“石头”需要映射到墙壁的X、Y、Z坐标上，然后缩放到一个城堡的具体模型中）。加载一个纹理需要游戏引擎匹配坐标和缩放来降低图形处理器（GPU）的运算量，当然，意味着相同的纹理可以多次使用。

在一般情况下，在每个图集你会有16个和256个纹理。在市场层面，对于墙面纹理可以是512像素x512像素，然后平铺（重复）在整个区域。更详细的对象或元素，如任务道具、武器或水材质可以为256像素x256像素，因为它们是体积较小的物体。建筑元素，如屋顶的瓦片或石板，也可以是小的位图为256像素x256像素，可以用平铺和位移来表现手工绘制。

本章不能深入地介绍创建一个纹理图集和游戏引擎将如何映射坐标，也不涉及到具备复杂的特质的UV坐标映射。但是了解这些知识和原则是非常有用的，建议读者可以进一步地研究和实践。纹理压缩和实现是复杂的数学计算问题。有些纹理图集的创作工具，可以用来与游戏引擎结合，它们也被称为纹理包。

提示

贴花：唯一纹理

贴花是指唯一性的（不重复）的纹理，如游戏中的海报或标志，用于与一个固定的投影物体的表面（即，从单一的角度看）。贴花是易于使用和添加的模式，避免了纹理映射过程的复杂性。

9.13

这个游戏原型展示了如何将一个纹理映射到各种网格（模型），这些模型可以来自Unity游戏引擎。绿色网格的左上方显示的纹理将如何被映射到它们（在这种情况下，可以反复映射生锈的金属片纹理）。

一个木材纹理贴图（TGA文件）也可以被应用于不同的环境表面（绿色阴影区）。

9.13

轮廓环境设计

轮廓设计是通过外轮廓传达你的角色或物体对象基本形态的非常实用的方式，但它的重要性恰恰是通过更少的显著特征来区别建筑或者角色的差异化的个体特征。从建筑的角度来看，关卡设计师面临的问题是如何方便玩家关注，或在一个环境地理的目标中重新调整自己的走向？玩家倾向于去高塔、高城堡或广播塔的原因，因为它们的轮廓相较于其他建筑更容易区分。

轮廓设计原理

- 外形必须能够从其他环境元素中分辨出来。（举例来说，《辐射3》的突变体看起来像X，强盗看起来像Y。即使从较远距离上，玩家也很容易辨别属于哪一派。）
- 必须有难忘的形状。这些可以是高大气派的结构，也可以是看起来像伏击区，或一种尺度，给玩家带来一种惊奇或紧张的感觉。这些将使玩家记住地区。（在《半条命2》中“村庄”关卡，令人印象深刻的原因是它比其他的游戏更倾向于营造一个恐怖的环境。）
- 原始的或独特的。在《坠落3》中的这架航空母舰（友军大本营），看起来不同于周围的环境，从而成为玩家的焦点。

利用这些原则，即使是一个没有经验的玩家也很可能对这些区域产生好奇，比如建筑或对象，因为它们从环境中脱颖而出。它已经成为了电子游戏语言体系的一个组成部分，很大一部分的导航设计都使用细节性指引鼓励玩家走向指定的对象或路径。

9.14

9.14

这是一个学生RPG游戏项目中的角色轮廓设计（Tendagi）。角色都是仿人双足，但你可以通过有限的细节轻易地辨别出敌人的轮廓（左）和朋友（右）的轮廓。这就是如何设计角色轮廓。

9.15

以一个真实世界的建筑——布达佩斯的匈牙利国会大厦为实例。如果这座建筑作为玩家的焦点，效果将非常好。图像的轮廓很容易从城市其他部分中脱颖而出。它可以很好地表现距离，玩家可以把它定位为一个地标。使用真实世界的例子或来自世界的变化，可以帮助玩家进行视觉关联。

9.16a

在《落尘3》中旧的航空母舰被用作基地和生活区。从轮廓设计的角度来看，它相对于地图中其他东西而言显得很突出，所以它容易成为玩家的焦点。

9.16b

用教堂和不寻常的建筑作为导航点或独特的区域和目标。在这个场景中，从《死亡的岛屿》中教堂的框架可以看出不同于周边的建筑意味着它成了玩家的一个焦点。

瓶颈和强点

瓶颈通常会以较小的形式或限制在一个关卡中（例如，沟壑纵横，两端锁着门的小房间），可作为玩家的焦点。在关卡中这些地区可用来触发一个预先设定的事件或玩家聚焦的谜题或陷阱。它们也可以被用来作为一种技术，使玩家在一个小区域中时，其他区域的地图可以加载更多的敌人。在一个开放的世界中，玩家可能很容易错过或直接避开一个主要的故事点或重要对象，设置路标导航可以避免这种情况。瓶颈也可以用在“通关”设计。玩家在关卡的开启阶段清除了峡谷中的伏兵，获得了一段剪辑视频（叙事展现），然后无缝连接到关卡的下一个部分。

强点通常发生在瓶颈点之后，在关卡的末端或在一个特定的设计区域（结束的任务，开始了一个挑战大佬的战斗，等等）。它们被定义为更难以穿越的地区或包含非常具体的目标或行动（如峡谷伏击）。例如，强点可能是一个难题，玩家必须解决并移动到下一个探索领域，或玩家在战场区域进入战斗。一个瓶颈点可能是一个狭窄的走廊或入口，为打开一个更大的区域，一个“强点”等待预先指定的行动发生。

强点采取各种形式，关卡设计师需要在地图上计划事件在哪里发生，玩家如何接近等重要的剧情点（地区或它的一部分被破坏或改变）或获得以前看不到的部分（例如，一个爆炸开一个封锁入口矿山）。

9.17a

一个强点，在《寓言3》中类似于一个舞台。他们前面的门有明显的入口和出口。通常这个出口是禁止的，直到玩家在这方面击败敌人或解决一个难题时才能打开门。

9.17b

《死亡岛》游戏中的一个例子。紧张的关卡设计能为玩家带来较高的紧张和兴奋的程度，而不必创造任何新的游戏机制。

提示

鲜明的地方

独特的领域可以提供导航援助或关卡中的重点。比方说装饰华丽的喷泉、艺术品和做礼拜场所，如教堂或清真寺。独特的场景环境也能给玩家讲述更多的故事和背景，雕塑可以是一个统治者或英雄讲述一个城市或文化的故事。特殊区域应该使用有影响力的场所。

9.18

在《战争机器3》中，“慈悲院”强有力地突出了重要特征。它也可以被用来作为一个多人游戏的掩体或方位标地，使获得方向和命令更容易。

提示

回顾非常重要

在前面的章节中，我们看到关卡设计往往预示着一个事件、地点或目标（激发点）。值得注意的是这个逻辑反过来也一样。玩家应该能够回顾他们已经穿越的游戏旅程。这并不总是可行的，同样方式的预示也不总是可行，玩家需要从某个区域逃离，并且看看由自己的存在带来的影响（东西着火、僵尸、爆炸或者更加宁静的风景）。加强玩家在旅途中的感受是很重要的。

9.19

让玩家在游戏回顾是为了加强玩家进阶的感觉。它也可以被用来作为玩家的“结束”关卡。在这里，劳拉回顾了自己破坏的痕迹。

Media Molecule 电子游戏公司

Media Molecule（MM）是位于英国吉尔福德的电子游戏开发工作室。他们是《小小大星球》（2008年）、《小小大星球2》（2011年）和《撕纸小邮差》（2013年）的创造者。

你要多久可以把一个概念发展成一个游戏原型？在工作室，一个大概的、可玩性的原型对于设计师和股东们就项目达成共识有多重要？

雷克斯·克罗尔，首席创意师：

“这取决于是什么项目，但我们的过程是迭代重复的，我们会进行各种尝试并立即执行，所以我们可以真实地测试想法。这些原型可能只是一个功能性的游戏，或者它们只是交互中的一小部分。在《小小大星球》的研发初始，戴维·史密斯（MM的创始人）在几周的时间内完成并运行了一个可玩的游戏操作平台，然后在这个基础上逐渐完善开发，从而完成一个游戏。重要的是，玩家在游戏中会有一个反应，在通过关卡时，他们会笑或在恐怖中尖叫。”

“如果没有这样的游戏原型，就很难体验到游戏的趣味性，并得到融资，开始更进一步的想法和升级。”

9.20
《小小大星球》中的角色形象。

艺术与设计团队如何从最初的游戏理念建立一个游戏的审美观?

卡里姆·伊图尼，艺术总监：

“要达到一个既原始又完整的游戏体验是很难的，它来自不同元素的融合。”

设计愿景：这是形式与功能的整合。例如，如果游戏是一个赛车游戏，那么一切都跟速度有关，那么如何通过视觉效果来强调这一点呢？在我们的例子中，游戏鼓励创新，那么我们的审美如何能够有助于用户获得轻松愉悦的创意体验呢？在《小小大星球》中将熟悉的‘工艺美术’艺术感与物理驱动完美结合。

艺术方向：从情感的角度来看，哪一个视觉组合适合这个项目？它的视觉表达团队的独特风格和会在竞争中脱颖而出吗？什么样的元素可以经久不衰呢?

《引擎技术》：我们在屏幕上看到的一切都是由引擎的渲染能力来实现的，呈现出要向玩家表达的一切，所以引擎程序员们都是实现审美的大玩家，他们需要的是灵感和对视觉的执着追求。

《意外的发现》：这些都是我们一起合作努力追求梦想的快乐元素。一个连串令人惊奇的组合发生了，我们喜欢它，因为这对风格的形成助益良多。”

你如何去建立规则和界限，同时平衡开放性和创造性?

雷克斯克罗尔，首席创意师：

“我们喜欢在游戏中展示自己是如何建立我们那样的世界。在《小小大星球》中，你可以看到在平台上旋转的坚果、螺母或者角色动画。在《撕纸小邮差》中，你可以看到纸质建筑物构成的风景——分享了我们材料创意的兴趣和局限性。如果我们的任务是让我们的玩家创造“任何”而不是“一切”，那么他们就会盯着一张空白的画布，没有什么灵感可以激发来创造什么。进一步说，没有限制此外，如果没有任何限制，那么就没有任何难题需要解决，或者说没有被赋予尝试颠覆某个已有规则的乐趣。”

“我认为游戏需要让玩家进行实验，通过实验，他们可以了解更多的游戏。但是，这种情况只能在游戏与我们的生活与经验有关联时才能生效。”

“基于物理的游戏是非常有趣的，好玩的实验是因为我们知道各种材料会产生的反应，但我们并不总是能够尝试所有的现实生活中的材料。”

“通过使用真实世界的规则，玩家能够更容易地适应内容。如果一个功能只能部分地实现，而且与现实世界脱节，那么它最好彻底删除该功能，因为它有局限性，在游戏中，这叫作移除系统中的魔法与开放性。”

“换句话说，屏幕上的界面越少越好。如果交互有意义，玩家就会去探索它们。毕竟，游戏应该是有趣的系统，所以我们需要让我们的玩家在他们的游戏中尽情探索。”

本章小结

在之前两章中，我们列出了基础设计的一些原则和实践案例。这些可以给你提供一个扎实的基础去开始自己的关卡设计。正是在这个阶段，最后的成品游戏初具形态。关卡设计允许你把概念、美学和机制的想法付诸实践，将它们应用于玩家可以与之互动的原型中。色彩特征的使用（标牌，NPC服装，级别等等）可创建一个“宜居的”世界的感觉，色彩设计可以用来创建跨层次的情感曲线（颜色变得更深或更浅取决于玩家的需求）。颜色、材质、运动、天气（一个自治系统）和光照系统可对电子游戏的整体叙述起作用。即使游戏没有明确地叙述“故事情节”，关卡设计将作为使玩家沉浸其中的一个系统世界。

9.21

Media Molecule的概念艺术存在于各个阶段，从很早（最开始）到更精细（全部）。这些作品可能不包括在最后的游戏中，但概念艺术确立了关卡设计的基调、感觉和背景。

讨论要点

1. 审视不同时期的不同游戏，如何设计一个游戏关卡，在没有详细阐述的背景下向玩家传达这个游戏世界？作为一个玩家，在你所居住的世界中关卡设计的故事是怎样的？

2. 在任何游戏关卡中，寻找并映射出任何一个瓶颈点、强点和其他细节元素。它们是如何关系到整体的关卡水平的？它们是否会干扰和打破沉浸感或者它们想创造的目的和重点？

3. 如何在关卡设计中，把一种类型地图应用到另外类型的关卡设计中？你能把RPG或动作游戏中的关卡设计元素放置到实时策略（RTS）或者其他游戏类型中吗？你将如何实现呢？

第三部分
系统和设计世界

第十章：
玩家留存

10.1

《超级马里奥的3D世界》，任天堂开发（2013年）。

本章目标：

- 理解并建立奖励系统来吸引玩家
- 设计游戏的动机
- 使用新手教程来引导玩家进入游戏

奖励玩家

奖励机制是电子游戏令人着迷的重要原因。从小时候开始，我们就形成了对任何形式的奖励给予正面反应的条件反射，并且这种状况一直持续到成年。它已根植在了我们的心灵之中，我们之所以会去收集、买、玩和互动，是因为我们的大脑给予了我们少量的多巴胺作为奖励，这让我们感到很舒服。游戏系统奖励玩家的方式有很多，从《魔兽世界》（World of Warcraft）中战利品的掉落到游戏《中土世界：暗影魔多》（Middle-earth：Shadow of Mordor，Monolith Productions工作室，2014年）中那样可以用来开启新技能的经验点(XPs)，这些奖励是通过挑战获得的，并且是游戏进展过程的一部分。

游戏的平衡点在于奖励的发放，而不仅仅是玩游戏而已。游戏中的奖励应该是微妙的。它可以是来自解决一个头脑挑战游戏的谜题（例如，游戏《传送门》《传送门2》，维尔福软件公司，2007年和2011年)，或者是来自你发现自己的反应速度很快（例如，游戏《猎天使魔女》），又或者是如果游戏故事神秘且吸引人，奖励就是发现和揭示故事情节（例如，游戏《质量效应》，《生化奇兵》）。这些奖励并不像获得更多的经验或是获得更大的剑一样明显，但同样是重要的。这些心理情感上的奖励增加了收集升级道具或升级角色的能力，你就更有理由把玩家留在游戏里。

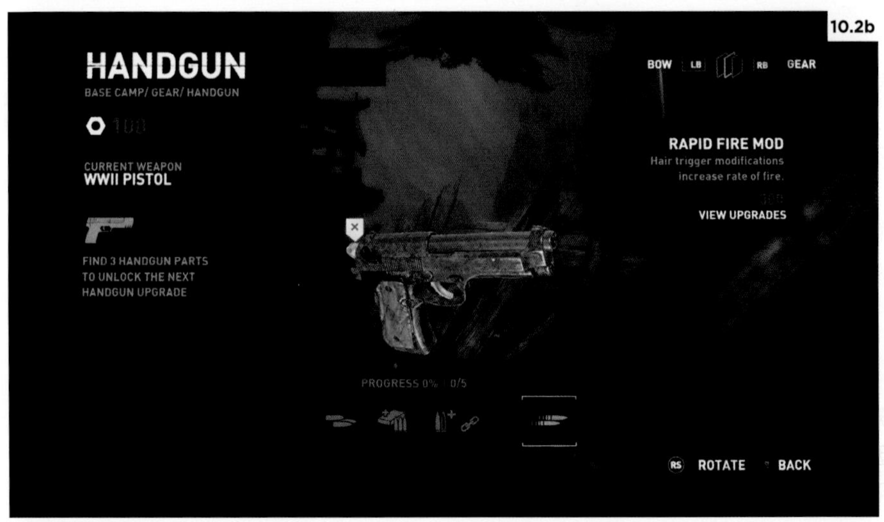

10.2a

在模拟类游戏如《GT赛车5》（Polyphony Digital，2010年）中，金钱奖励系统允许玩家在比赛中获得能够在游戏中使用的货币，并用它们来购买或升级车辆。玩家可以观看详细细节并且升级和修改他们的车，所有的一切都是一种奖励的形式。

10.2b

奖励系统包括升级游戏中收集到的道具，在《古墓丽影》中，它能够“制作”更好的武器。这种形式的奖励系统在最早的电子游戏中就开始被使用。

设计奖励

说来也奇怪，把奖励设计好很难。在1973年马克·莱珀（Mark Lepper），大卫·格瑞尼（David Greene），和理查德·E.尼斯贝特（Richard E. Nisbett）做过一个实验，实验是关于奖励机制的儿童绘画。令人想不到的结果是，当孩子们因为画画得到了奖励后，他们开始画得更少了。那些没有得到奖励的学生绘画频率与以前相同。由此得出的结论是，给孩子一个奖励，会让他们感到绘画这种行为就像是一种工作。孩子绘画质量也有所下降，因为他们发现，他们可以画尽可能少的画，却仍然可以得到奖励。绘画不再是为了开心，奖励成了焦点。那些不被给予奖励的学生们可以自由地享受绘画的行为，因为这对他们来说还是很有趣的。起初“为开心而画画”的动机变成了“为奖励而画画”，结果是使孩子失去了绘画的动力。

我们喜欢玩，我们喜欢被奖励。然而，两者之间有一条细微的分界线，如果越过了这条线，我们玩游戏的体验与动机就会被改变。例如，游戏《魔兽世界》中，玩家不得不“磨”等级，有时甚至是要花费几个小时，执行简单的任务来获得经验点数。玩家忍受这些，是因为他们知道这样值得，把时间花费在平凡的任务上，才能够获得深入游戏的奖励。我们玩游戏是为了乐趣和逃避，当玩游戏成为工作时，我们不会去玩。但如果感觉奖励是值得付出的话，我们就要忍受一堆“工作”来获得正面的回报。

斯金纳箱

奖励对人类的影响的心理学研究已经进行了几十年了。由佰尔赫斯·F.斯金纳（Burrhus F. Skinner）在20世纪30年代设计的实验，用一个比以往更加巧妙的方法研究操作性条件反射。斯金纳（1966年）的研究建立在巴甫洛夫学说和他的狗的基础上，他好奇条件反射是否可以应用于理性的人类上。巴甫洛夫学说中用摇铃铛和给狗奖励来让狗形成条件反射。因此，他的狗每次一听到铃铛声就会期待奖励并流口水，不管是不是有奖励出现。斯金纳制造了一个机械盒子（操作性条件反射的空间，俗称“斯金纳箱”），并且把一只鸽子放在里面，里面有一个按钮，鸽子可以按也可以不按。如果鸽子按这个按钮，它会得到食物的奖励。巴甫洛夫学说中狗的条件反射实验是听到铃声就会期待食物出现，流口水是一个自动化的反应。然而在斯金纳的实验中，鸽子做的是一个主动的决定。斯金纳发现主动去获得一个奖励的过程(被称为“操作性条件反射”)，人类如同鸽子一样。

斯金纳发现人们愿意按下这个按钮去获得一个奖励，但只在短时间内。当实验对象（或玩家）感到无聊（或给予食物并已经满足），就不会继续按这个按钮。斯金纳发现如果他让奖励变得随机化，被试者就会更加投入。斯金纳发现绝大多数人使用这一理论为赌博的正当性进行辩护，而对于工作则不会。随机奖励似乎是可辨别模式的一部分，并且非常令人着迷。一个赌徒也许愿意为了很少的奖励，在赌场老虎机的按钮上花费几个小时的时间，但如果是为了稳定薪水，在一个工厂重复同样的动作，就会发现这样的动作很无聊（即使获得的薪水大于赌场赢得的奖励）。正是这种不可预测性和“赢的状态”，刺激了多巴胺的释放，并且这种“兴奋”使赌徒（和游戏玩家）持续地玩下去。

斯金纳发现一旦被试者不再饿了或不再需要奖励来满足生理需求了，那些作为奖励的一级强化物（食品、生理需求）的有效性就会减少。然而二级奖励，如金钱或社会地位，它们的有效性却从来没有减少过，并且被试者会继续完成伴随二级奖励的任务（相比伴随一级奖励的任务）。人类的心理是复杂的，但是通过奖励操纵他们却是非常容易的（如果你不这么认为，看看人们是如何为一个免费的T恤而疯狂，或是看看在体育赛事或集会中的“赃物”）。

10.3

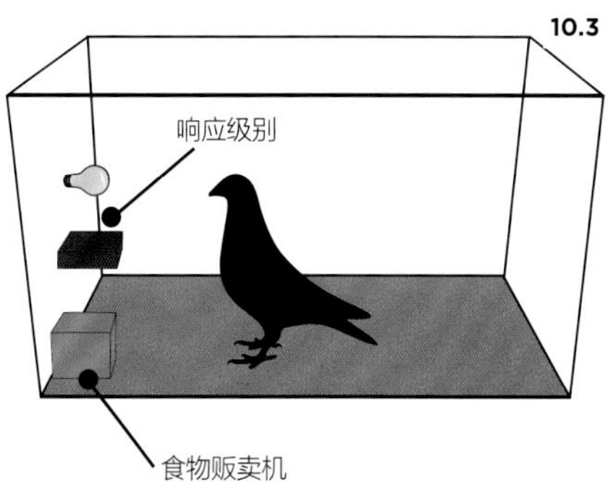

10.3

斯金纳箱操纵性条件反射实验的一个版本。在这个斯金纳箱中，按下按钮不一定会提供奖励，但是一旦出现奖励就变成一个“惊喜”，它会更加吸引被试者，因为为奖励不是必然的。

奖励的一种模式

没有一种“最佳”的奖励系统适合任何一个游戏或游戏类型，但是由于游戏有类似性，这就允许我们去定义奖励系统。游戏大致可以被分为四种主要类型：成功/荣耀类、供给类、解锁类和发展类。

这些模式可以被合并、操纵，并且可以纳入几乎所有的电子游戏设计中，甚至是翻转游戏。例如游戏《恶魔之魂》（Demon’s Souls，From Software，2009年），就是一个因为对玩家苛刻而臭名昭著的游戏：几乎是在惩罚玩家（惩罚也可以被看作是一种奖励，多次被敌人打败会让最终的胜利更甜美）。游戏提供可以维持生命的补给很少（玩家经常死），但是提供更多解锁奖励、设备和荣耀。这个游戏虽然很难通关，但开发人员设计了有趣的获取解锁的方式，是游戏中不可缺少的组成部分。玩家在寻找不同的路线通过游戏空间，以避免被杀害，并能为其他玩家留下下个考验的提示。解锁的用法是如此的不同，玩家有时候要杀死他们的角色，才能重新回到一个点，才能解锁关卡中的之前被上锁的另一个域。

大部分RPG游戏并不是以平常线性的方式玩，而是在游戏中给玩家提供心理补偿；事实上，玩法是相反的。探索和发现能让一部分玩家入迷，却让另一部分玩家沮丧。通过玩游戏达到熟练的水平是荣耀范畴的一部分，关卡级别的难度是对玩家的奖励，因为许多玩家难以忍受游戏的折磨。从方方面面来说，这都是玩家的荣誉勋章。

10.4

四种主要类型的奖励系统。

10.4

成功/荣耀
高分，成就/奖杯，精通。

供给
额外的生命，健康包，在模拟类游戏中的建筑材料。

解锁
解锁等级，区域，完成游戏任务中的特定内容。

发展
玩家能够用自己喜欢的游戏方式在技能方面取得进步的经验点。

内在和外在的奖励

玩本身就是奖励，乐趣和快乐是玩游戏的奖励。电子游戏作为一个追求，可以让你感到快乐，让你与朋友或其他玩家更加亲密。在校园游戏和其他形式的活动中，奖励系统是从简单开始（有趣，快乐，感觉自己是集体的一部分就是奖励），但当你加入胜利、竞争、吹嘘的概念时，奖励系统会变得复杂。这些都是由游戏规则和玩法建立的内在的奖励层次。电子游戏已经把“奖励”的概念转变为一种艺术形式，并且花费了许多计划和时间来实施和平衡奖励。

这四种类型的奖励可以进一步分为两组，内在的和外在的。

内在的奖励：在游戏中奖励，比如新的等级、新的挑战、新的故事线，等等。例如，在一个基于解谜的游戏中，如《传送门2》，玩家的满足来自于解决每个房间的谜题，然后就可以进入到下一个房间。

外在的奖励：这些奖励发生在游戏之外。例如，赌场老虎机产生的额外报酬，游戏《魔兽世界》里协会的友情和联系。其他形式的外在奖励包括战利品、成就、高分和吹牛的资本（杀灭率最高，完成时间最快——任何其他玩家可以看到的反馈形式）。

对奖励的期望（无论是内驱动还是外驱动）是我们在玩游戏时的大部分心理机制。在为玩家设计奖励时，动机是核心。就是将动机作为奖励，才让我们大脑释放多巴胺，让我们感觉良好，想要更多。游戏与其他媒体不同的是，它要求玩家经常感到失望（例如，《恶魔之魂》），并且根据预期去设计奖励。游戏系统通过玩家对奖励的期待来激励玩家，给予大脑释放多巴胺的信号。换言之，期待着打开一个礼物比礼物本身更令人愉悦。最终击败Boss的期望，弄清楚如何逃脱密室的期望，都是内在、外在奖励的期望。这也是为什么在游戏开始时给予奖励，这会给玩家设定一个模式，期望着下一个奖励。

设计游戏动机

也许奖励本身并不是重要的因素，但是对于奖励的预期却是重要的因素，那么必须要平衡的是如何发放奖励。发放方式可以被进一步定为固定比率和间隔奖励。

固定比率奖励是那些总是在特定时间发生，例如你击败敌人时掉落的战利品，或是收集一些蘑菇时获得的额外生命。奖励比率可以是不同的。例如，当你和一个Boss战斗时，打败敌人后，你有几个百分点的机会可能会收到一个稀有物品。固定比率本身可能存在问题，因为如果没有对奖励的期待，玩家可能会放弃游戏。但通过不断变化道具/奖励，玩家就更可能会继续玩游戏（这是我们从斯金纳箱得到的更进一步的方法）。

间隔奖励可以是基于时间的，倾向于发生在多人游戏中，曾经被别的玩家捡走的一块铠甲、弹药、武器或医疗包又回到了游戏中。它更像可变奖励系统，间隔也可以是随机的。这在游戏中能增加玩家"幸运"感和兴奋程度，看起来在玩家需要某个特定的东西时，它就正好出现。

奖励系统的例子不胜枚举，从领先榜到高分榜，再到成就和奖章。作为游戏设计师，你需要为玩家制定了一个奖励系统，列出什么样的行为是被奖励的，能获得多少奖励。这看似不聪明，但游戏要使用速记法。比如说，你的游戏给了玩家15000个经验点，这是很好的奖励，却没什么意义。如果这是"第九级"的简称呢，就有了意义，理解起来更加方便。另外的方法是游戏进展的导视图；比如收集到一些经验点，有一个视觉上的比拟（通常在角色界面中），玩家可以看到他们在多大比例上接近下一等级，或者多大程度上能解锁一个有用的技能。

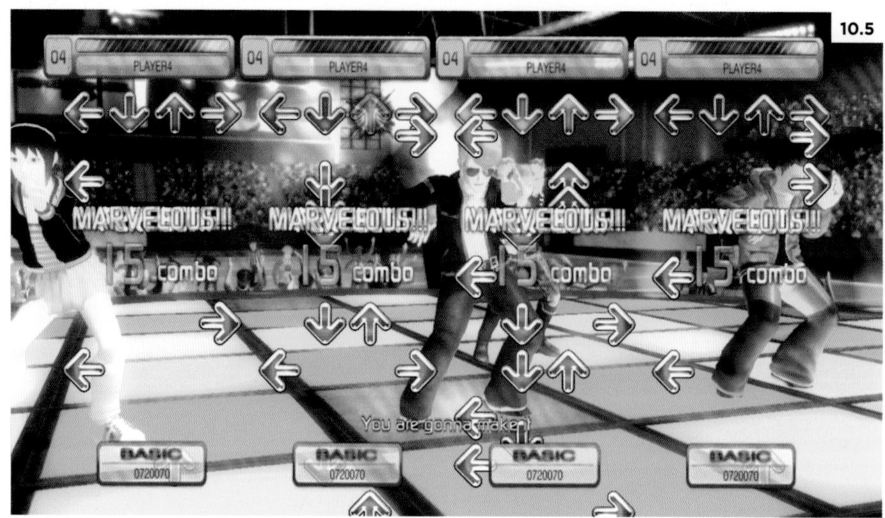

10.5

技巧游戏，如《舞蹈革命》（Dance Dance Revolution，日本科乐美株式会社，1998年）用正强化来激励玩家，这如一个评分系统（一种奖励形式），能够建立起玩家的动机，因为精通这个游戏体现了玩家自身的能力。

提示

作为元游戏的奖励机制

奖励系统本身可以成为游戏的一部分。正如我们已经看到的例子是《魔兽世界》中的“煎熬”，就是游戏中的游戏。之所以用“元游戏”这个术语是因为奖励系统告诉玩家游戏的规模非常大。消灭低级敌人的煎熬是升级的奖励，元游戏让玩家为了成为一个更好的战士而收集经验点，这能帮助玩家通过更大的游戏。元游戏可以被看成是分层次得奖励的游戏活动，让游戏更加吸引人，就如游戏《上古卷轴5：天际》世界中的收集活动。在《上古卷轴5：天际》中，收集所有的头骨或奶酪，除了获得能够做这件事的满足感这种内在奖励外，没有其他任何奖励。其他游戏，如《口袋妖怪红·蓝》（Pokemon Red and Blue，Ninendo，1996年）把收集活动作为的核心，但游戏看起来更像是一个竞技场，收集活动更像是一种元游戏，它表明在游戏中，进步就是奖励。用真实世界做个类比，可以是空手道“游戏”中获得的彩带奖励，而这同时有一个为彩带继续努力的子含义，你要获得明显的进步，才能获得下一个彩带。

精心设计的奖励制度可以让游戏格外引人入胜。作为设计师，你要规划一个固定比率或间隔奖励的模式，以及外部奖励和内在奖励的方法。一旦这些奖励系统设计好，考虑它们与新玩家或者老玩家之间的关系非常重要。当玩家开始游戏，奖励可以立即发挥作用，但对于那些新的类型或玩法，奖励本身是不够的。你需要创造一个方法，确保玩家理解如何玩你的游戏。

教程和奖励

电子游戏的第一个关卡通常是某种形式的教学关卡。它是玩家学习如何玩这个游戏的地方，但实际上教程要做的是揭示完整的游戏玩法。一级关卡确立游戏的基调、情节线、游戏玩法和环境。所有一切都是从第一关发展，玩家开始参与游戏。根据游戏类型和观众的不同有不同的取向。移动和社交媒体游戏有广泛的受众，它们可能跟过去玩的电子游戏不同（或者即使他们在玩电子游戏时也不觉得自己在玩），所以取向也是不同的，比如游戏《使命召唤3：现代战争》或《孤岛惊魂4》（蒙特利尔育碧工作室）。无论是什么观众或平台，每一个游戏都需要某种形式的学习模式，使玩家能够在游戏中快速获得成功（例如，通过设置一个教程和一级最优策略，见第三章）。

教程设计

在第六章中，我们研究了如何规划流程，并且专注于如何尽快建立一个游戏可玩版本的概念。一种接近可玩性原型的方法是使用游戏教程。不管怎样，你都需要一个教学关卡，而且在最终版游戏准备上市的前几个月，一个坚实的教学关卡也可以用于营销目的。教学关卡也应严格遵守“Kleenex”测试者的测试，以确保新玩家或有老玩家都可以了解游戏的意图。经过多年发展，游戏中的教程已经变得更加简洁，并且长篇形式的印刷说明书已完全过时。玩家通过玩游戏来学习游戏的玩法。现在有两种流行的教学方法：一步一步地教和正面强化。

一步一步地教和给予正面的强化

这些教程指导玩家学习控制游戏，与系统进行交互。这种方式很受欢迎，因为玩家通常不想读一本长篇的手册或是坐下来观看教学视频。玩家只想开始玩游戏，并且认为随着他们开始玩游戏，他们就能够明白如何玩。随着时间的推移，一步一步的教学方式介绍了游戏玩法中的各个元素。这就如同要玩家向上看、向下看、向左看、向右看那样简单，只要“校准面罩”就行（如同《光晕》特许权一样）。它向玩家展示了如何操作、移动和控制。游戏中通常会使用屏幕视觉元素或者使用NPC音频来表达积极反馈，比如“好，谢谢，我们知道了，做得不错。”这些简单的反馈系统可能对一个老玩家来说没有意义，但是在游戏早期关卡中，通过正面反馈来支持玩家是非常重要的。当玩家被游戏告知他们成功地完成任务时，玩家会感到更有能力和更加高兴。

10.6

正如这里所展示的《辐射3》，非玩家控制角色（NPC）可以被用于叙述和阐述，以及向玩家提供反馈。一个对玩家的行动感到高兴或不高兴的角色，将推动玩家走向更深层的游戏体验。

积极反馈的目的是让玩家在一个积极的“赢的状态”下，进入下一个游戏中领域。随着游戏变得越来越难，这种“赢的状态”的情感会继续存在并持续一段很长时间，以确保玩家们能够完成新的目标。因为有一个模式告诉玩家他们已经成功完成早期任务。这是简单但有效的心理，会让玩家在整个游戏中进入并保持正确的心态。

10.7

积极的胜利状态在早期的教学关卡中起作用了，当玩家到一个比以前更难的点时，就会重新转回到胜利状态。他们知道这个目标是可以实现的，因为早期的结果已经在玩家脑中形成了这种看法。

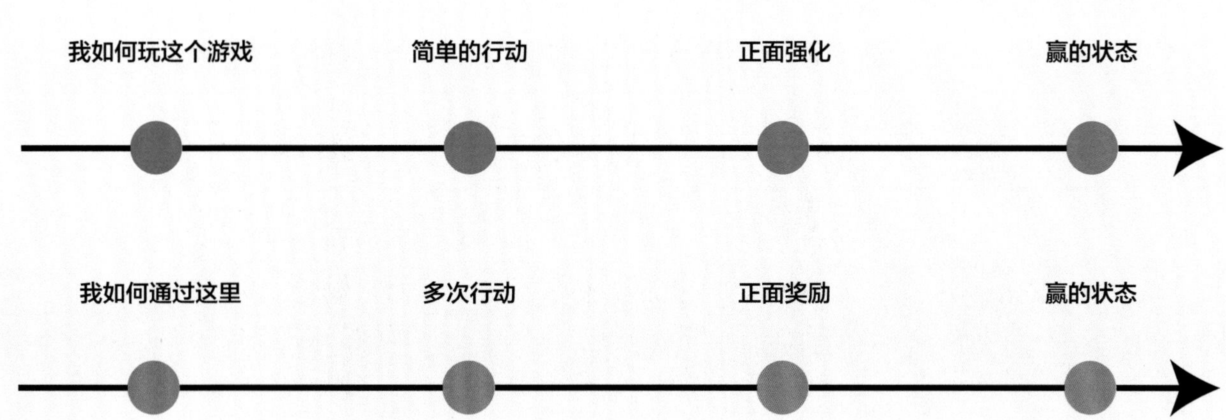

屏幕提示或暗示

有时被称为“发光的选择”技术，屏幕上的提示或暗示被用在大型的开放式世界游戏中，指导玩家操作、寻找任务道具或作为一个寻路系统（地图）。从本质上说，开放式世界游戏的场景很大，玩家是被鼓励去探索的，但缺点是，玩家会迷路并且不能够找到任务道具或任务目标，特别是在游戏的早期。一种方法是把提示包含在环境中，如一个发光的区域（发出明亮光线的区域，看起来与玩家所处的地区不同）或与游戏中其他NPC相比，能区分开来的NPC（通过发光、打手势等）。可以用差异来引导玩家；习惯做法是当追寻目标人物时，让玩家视线范围内角色突出（例如，《刺客信条》游戏就采用了这种方法，同样《神鬼寓言》游戏也是）。屏幕上的提示和游戏中的暗示，使玩家感觉可以选择，他们用（或不用）取决于玩家和他们玩游戏的风格。屏幕提示也可以指导或提醒玩家如何才能更好地完成任务。例如，在战斗指南中，提示可能是：“按住X按钮来挥舞你的剑，以发动更强力的攻击。”

赢得早，赢得多

设计一个游戏，在游戏的早期比后期更频繁地奖励玩家已经成为惯例（再次，这使我们回到一阶最优策略和类似的机制，见第三章）。早期的胜利（Xbox成就，索尼奖杯、点或经验）在游戏的第一个教学关卡中，总能令玩家兴奋（即使是一个老玩家），因为获得胜利始终是令人兴奋的。在游戏中，一个“赢的状态”能强化玩家对游戏中一个关卡的精通程度，即使玩家才刚刚开始玩。这是一个强大的工具，但必须是平衡的。简单的“胜利”不能一直持续到主游戏中。游戏的玩法必须逐渐变得更加困难，从而为玩家提供引人入胜的挑战，使其随着游戏不断提升熟练度。

如果难度是循序渐进加大的，玩家应该感觉到它是能完成的，但同时也会对他们是否有能力完成下一个挑战而感到紧张。这种平衡很重要，正确的平衡能够使玩家更多感觉到胜利，而不是觉得很难有胜算，这同样反映在游戏的进步中。这种状态通常是通过一个Boss战役或是任务道具的奖励来实现的，并且被看作是一种玩家的证明仪式——证明他们游戏的专业技术已经达到了一个等级。

上手

“On-boarding”的字面意思就是“让玩家上手”，它发生在玩家第一次玩这个游戏的时候，也是游戏教程的一部分。教程主要针对游戏玩法，并回答类似这样的问题：“怎样出拳打”“我怎么才能收集更多的经验（XP）呢？”等等。上手是一种设置巧妙的工具，为玩家创造了最积极的体验，并且为玩家保持这种感觉，直到他们觉得自己有足够的信心独自去面对。如果设计师能很好地实施上手过程的话，大多数玩家甚至都没有注意到他们与“培训工具”脱离。玩家对游戏的感觉越积极，越有可能继续玩它。

正如我们已经看到的那样，在上手阶段一种增加成功率的方法是确保玩家能清醒意识到奖励。实现这个目标可以通过剧情发展（玩家在游戏空间中行走并给予剧情上奖励），成就（玩家射击目标并被告知“做得好”），以及交互（简单的控制指令，如“使用按钮来查找，向下看”）来实现。游戏的介绍必须是被设计的，这样就能让玩家感觉到他们已经学会了一些东西，即使是简单的“X按键是跳跃键，按下可尝试跳跃”。有一种成就感会伴随着玩家完成任务而产生，即使是最简单的任务和游戏（即使是最简单的成就，我们的大脑也会奖励我们少量的多巴胺，例如在车道上倒车没有触及任何东西）。在创建和上手游戏过程中设计师应该寻找机会，通过反馈来正面奖励玩家。

我们一如既往的做一些研究，游戏《使命召唤3：现代战争》《光晕》《刺客信条》中，他们都在第一个关卡中创建了让玩家上手的设置，无论是《使命召唤3：现代战争》中基于目标的训练关卡，还是《刺客信条》中第一个关卡的“虚拟现实”的训练都有。当玩家精通掌握一个关卡的目标实现时，玩家就上手了。

这可以设在第一个关卡等级中完成，也可以是分配在多个关卡中，新的成就会让玩家拥有新的技能。例如《战争机器》游戏，教程和上手系统很有限，虽然武器的威力可能会增加，但操控却不太改变。例如游戏《中土世界：暗影魔多》中，直到游戏快结束，都在不断地奖励玩家，让玩家学习的新能力。

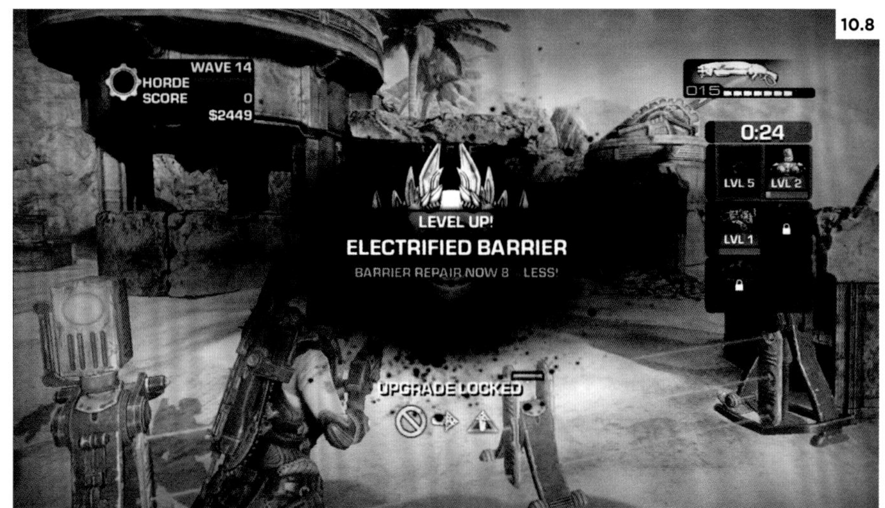

10.8

这个屏幕示例的是：指导玩家在多人游戏《战争机器3》的关卡中，如何放置一个道具。这个指示同样能为老玩家提供信息，告诉他们一个道具的情况或它的功能。

上手的方法

上手的方法有许多种，它们在你的游戏中，方法必须是以情景化的方式呈现的。

训练室：这种方法被用在游戏《刺客信条》《合金装备》《蝙蝠侠：阿甘之城》（Batman：Arkham City，Rocksteady工作室，2011年）中。虽然玩家已经在游戏中的上手部分学会了一些简单的控制，这些“训练室”给玩家提供了练习的机会，去学习战斗而不会受到惩罚。游戏设计师必须能预料到玩家不愿意在退出主游戏的情况下跟着教程走，而且要确保在游戏主程序中介绍到所有的游戏互动方式。我们应该明白，如果一个玩家花时间在训练室中，他们会比那些不花时间的人更快精通一个关卡。

情境：当玩家展开行动时，可以在游戏中学习规则。它本质上是把一个长的教程分割成更小的组块，贯穿于关卡等级中。例如，在游戏《热血无赖》（Sleeping Dogs）中，玩家的角色遇到一群暴徒，必须与他们战斗。随着动作的展开，玩家被告知要按哪个按钮来发动某个拳击或踢腿。例如游戏《神秘海域3》中，游戏中全面暂停，告诉玩家下一步要做什么，然后游戏再重新启动。这种方法在相对固定的线性游戏中能起到很好的作用，但在一个更开放的游戏框架中实施会比较困难。游戏《热血无赖》中同样有一个训练室（Dojo），玩家可以在里面学习新的技能，作为完成简单任务的奖励。屏幕上的情境提示会在主游戏中慢慢消失，但可以使玩家重新访问训练室，加强对技能的掌握。

相关的情境：这是情境的一部分，而不是上一个层级的指示，如“按下按键X”，标志被嵌入到游戏空间本身中来提供相关情境信息。例如，在一个横版通关游戏中，当一个玩家的角色到达平台的边缘，那里有一个标志，上面有一个向上的指引与一个类似地图按钮的标志，所以玩家就知道按“向上”走，而不是跳跃或向右移动。

这里有一些把这些教程类型与上手方法混合在一起的方法，但他们对那些没有经验的玩家是最有效的。那些之前玩过同样类型或是系列的游戏玩家，通常是不太可能花时间在教程上的。它的平衡点在于能够为不同类型的玩家提供关卡的介绍，因此教程需要被有经验的玩家和没经验的玩家测试。

10.9

在游戏《热血无赖》中，玩家在训练室（dojo）学习新的技能，作为完成简单获取任务的奖励。

聪明的玩家和舒适的关卡

在设计上手的过程中，最重要的守则是永远不要让玩家觉得自己很蠢，或者不要让这个过程太难。任何电子游戏的前几分钟对于许多玩家来说都是关键时刻，除非他们在早期就已经上手游戏，否则他们可能永远不会进一步玩游戏。通常的做法是创建一个上手关卡，从玩家感到简单的第一关开始，这样他们会花时间通过屏幕提示来学习如何控制。在过去的几年里，电子游戏设计师已经逐步发展出了一套坚实的设计上手关卡和教程的方法，你应该通过多种类型的游戏来研究这些设计的流程。

上手的方法有很多种，其中一个途径是让玩家尽可能清楚地知道自己任务的目标。当你刚刚接触这个游戏的行动机制时，在一个大地图上迷失方向不是一个很好的体验。另一个让玩家上手的方法是在游戏内设置有难度的关卡。例如游戏《使命召唤3：现代战争》和《战争机器》中有明确的关卡难度设置。从“我很少玩这类游戏”到“我玩了许多这类型的游戏，让我去玩吧”。这些游戏的难度水平相当，同时也鼓励玩家再次去玩游戏。一旦他们掌握了“菜鸟”的难度，他们可以在更高难度的关卡上再次玩这个游戏。

肯尼思·扬

音频主管，Media Molecule公司

一个强而有效的、可以让玩家沉浸在游戏中的方法是设计出使人印象深刻的、具有感染力的音乐和音效。肯尼思·扬是Media Molecule工作室的音频主管。Media Molecule工作室的总部在英国且备受赞誉。他们设计了游戏《小小大星球》、《小小大星球2》和《撕纸小邮差》，目前正在制作《撕纸小邮差：拆封》。

音频对设定游戏基调和吸引玩家沉浸在游戏中是很重要的。当玩家能够看到、访问到如此多的东西时，你是如何打造高质量的音轨/音频?

“事实上在大多数游戏中，你有一个关于流程和玩家将要做什么的好想法。因此，你给玩家建立了一套系统，玩家响应这些已知的地点、事件和实体，响应发生在其中的交互作用。甚至更加开放的，玩家被允许去游戏中他们喜欢的地方，你也需要想办法处理这些。真正的自由是非常罕见的。玩家必须接受游戏规则或游戏世界，并在这些限制下玩游戏。作为音频设计师，我们在限制内设计音频体验，并利用这些限制。

“也许没有比音乐更好的例子了。它有如此美妙的能力能带玩家沉浸，影响玩家的感觉，所以我们利用这一优势，强化更大的游戏体验，并且作为一个主要方法，告诉玩家游戏中将要发生什么事。我们总能意识到玩家可能会怎么反应，所以我们能设计出动态变化的音乐播放系统，并在适当的时候对玩家的行为作出反应。”

“作为一名设计师，当你玩游戏时，你必须得考虑更广泛的体验。例如，音乐不总是合适的，你可能会过度使用它。你需要评估你为人们创造的体验，并决定什么是适合的，而且这并不只是评估你当前的体验，还要考虑到游戏的其他方面。”

游戏开发中，你觉得音频方面最容易被忽视的是什么?

“当声音和音乐都很奇怪时，你真的需要跳出自己的思维方式。当然，没有人喜欢这样。因此，最大的挑战是与大量的无知、普遍的误解和想当然做斗争。”

“在我的个人经验中，最大的问题是人们无法超越个人对音乐的喜好来理解或体验音乐和音效。人会混淆他们自己的感觉（其中大部分是真的、正确的）和他们试图把这种意识归因于感觉（往往是错的）。这不是由于语言的贫乏而无法描述感觉，这是缺乏理解和体验。有时，这不仅仅是音频的问题，它绝对是音频人员要面对的首要挑战，或者至少是开发过程中一系列问题的根源。”

本章小结

本章探讨了说服玩家去取得进步和玩游戏的方法，然后探究了如何持续地玩。游戏中的教程变得越来越巧妙，最终的目标是让玩家（任何级别的专家）感觉不到自己在被“教”，而是已经开始玩游戏了。通过玩来学习是上手过程中的一个重要组成部分。它会让玩家亲自体验游戏，而奖励系统（比如一些正面强化）会加快玩家上手的过程。知道什么时候给玩家奖励，知道用不足来平衡过多，是让你的游戏变得吸引人的一部分。

不断给予游戏玩家们新的道具或前进的机会，这等于是按下了玩家身上的操作性条件反射和多巴胺反应按钮。将我们日常生活的某些片段与幻想、积极奖励回报和自我选择带来的情感满足相结合，这正是电子游戏受欢迎的主要原因。

讨论要点

1. 如何在现有的奖励系统上进行创新？在所有给出的游戏中（以社交、共享、对等为基础的游戏等），奖励是否可以有更多的意义呢？

2. 如果你想为一个新游戏（或者你最近玩的一个游戏）勾勒出一个的奖励系统，你将在什么时候、以怎样的形式把奖励传达给玩家？你会如何描绘奖励模式，如什么东西、什么地方、什么时候这些方面？

3. 你如何在过少或过多中平衡游戏的奖励呢？你能增加或减少奖励吗？这对玩家有什么影响？游戏中的内在和外在的奖励分别是什么？

参考文献

Lepper, M. R., D. Greene, and R. E. Nisbett (1973), "Undermining Children's Intrinsic Interest with Extrinsic Reward: A Test of the 'Overjustification' Hypothesis," Journal of Personality and Social Psychology, 28 (1): 129–37. Available online: http://psycnet.apa.org

Skinner, B. F. (1966), The Behavior of Organisms, Englewood Cliffs, NJ: Prentice-Hall.

第三部分
系统和设计世界

第十一章：
界面设计和声音设计

11.1

《辐射：新维加斯》，由黑曜石娱乐开发，2010年。

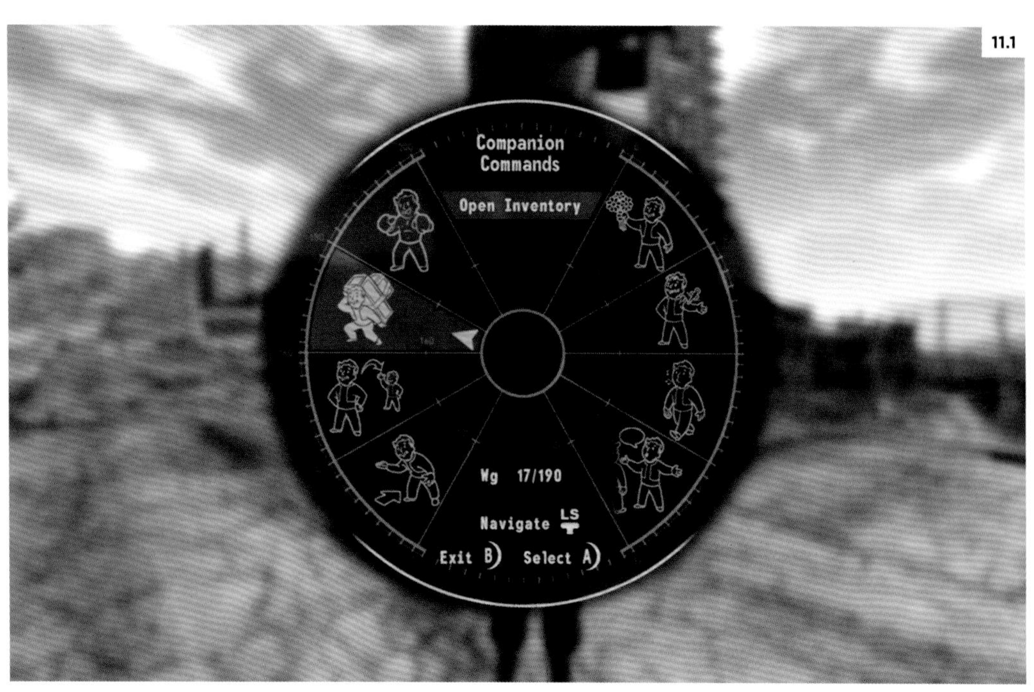

本章目标：

- 界面设计的应用法则
- 为玩家设计完善的反馈机制
- 理解游戏中声音的应用

有限的选择

在前面的章节中，我们研究了电子游戏中愿望满足和体验驱动的性质。在此之上，还有另外一层：间接控制。这是给玩家拥有自由和选择感的一次实践，但这是能够限制他们选择的一种较隐蔽的做法。开放世界的游戏和“固定线路”的电子游戏围绕机制、规则、世界物理和玩家的目标来创建。为了促进积极的体验，会建议电子游戏让玩家能够“做任何他们想做的”，但是这种游戏是不可能做出来的。

从“完全自由”到“从有限选项中选择的自由”。例如，有“选择任何水果”和“选择以下水果之一：橘子、苹果、梨”这两个描述之间有差异。让一个人从提议清单中自由地选择，而不是让他从上千种可能的范围里选择任何水果。这铺天盖地的选择范围常常会压倒一个人，致使他不管不顾地选择最平淡无奇的水果（如橙、苹果或梨），因为这些水果在大多数人的脑海中占最高比重。通过约束可能性，一个游戏设计师可以传达自由的假象，因为玩家能够在最有意义的参数范围内行事。

选择一个路径，约束设计

如果一个玩家在空荡荡的房间里，并给出了两个完全相同的门来考虑，这是一个好的机会，他们将选择其中之一并通过它。门是一个隐喻，对玩家来说是所谓的一个“行动号召”，因为我们知道门是可交互的——它们可以被打开或关闭。这个例子为玩家提供了小范围的选择，但它也是一种抉择。他们可以选择左门或右门，或者干脆什么也不做。因为这是一个互动游戏，玩家们已经进入了“游戏场地”，他们会觉得自己有做出决定的自由，要触发一扇门大多基于希望在游戏中前进还有想要看看接下来会发生什么的好奇心。这仍然是一个制约因素。这里没有无限的门在每扇门背后无限延伸，但给了玩家一个简单的选择，使他们在游戏世界里感到自己控制着自己的命运。

基于在游戏中自由选择的概念，设计人员可以进一步约束选择，而不是通过具体目标对玩家造成负面影响。如果目标是找到一个特定的道具，玩家就会开始通向结果的必经活动（寻找、打开、探索）。如果玩家在寻找黄金，而房间里有很多的一模一样的小木箱，这将很难预测他们先看哪个。但是，如果其中三个宝箱上有锁，你可以更好地预测玩家很可能会先找哪一个。这些锁会使人立即想起特殊的内容。这是为玩家缩小焦点的一个简单而有效的方法。

虽然电子游戏也可放入很多有味道的物品（咖啡杯或托盘这些没有真正目的的也会被选中），这些物品连接起玩家和游戏世界，有助于丰富游戏体验。虽然如此，设计者需要有意识地选择并决定玩家能否与之交互，这是一个合理的约束。另一种缩减选项和选择的微妙方式是通过玩家游戏中的虚拟和物理界面。逼真的过场动画也是让叙事暂停或约束的一种形式。它们阻碍了玩家的能动作用，并且在没有来自玩家一端的输入的情况下让故事前进。

11.2

这可能没有很多选择的余地，但它确实为玩家提供了可能性。

界面设计

事实上，电子游戏的界面设计可能与你通常认为的界面不甚相关。相反，它与玩家的操控相关。界面越直观，就越容易掌握，玩家也会感觉更顺手。这将转化为更好的体验。当设计一个游戏界面时，重要的是玩家应该对抗Boss、谜题或敌人，而不是界面。

当我们想到界面，我们最常想到可以选择的是菜单屏幕和选项。此外，在电子游戏中我们可能会增加控制系统中按钮地图的概念（如“A”键攻击，“空格”键拾取物品等），正如菜单和背包栏也一样。这些都是你的玩家从外界世界与游戏交互的方法，但最大的界面是在玩家他们的世界和屏幕上的游戏世界之间的那个。界面分为两类，物理界面和虚拟界面。为了提高效率，我将使用游戏机模型作为主要例子。在这种情况下，物理输入是游戏控制器，玩家持有并使用它，以便于在游戏世界中行动，虚拟界面就是玩家在屏幕上的所见。

虚拟界面

虚拟界面包含玩家游玩或开始游戏时能看到的所有信息。这可能是告诉玩家健康或弹药残余的一个图标，也可能他们将要使用的符咒，以及他们已经准备耗去多少“魔力”。除了这一点，玩家们会认识到他们是在关卡中的何处，并意识到他们下一步需要去的更大的世界（可能是定向的覆盖图或迷你地图提供的信息）。这些都是游戏中引导玩家的信息渠道。

虚拟界面可以理解为玩家在游戏世界中感受到的不明显信息。有迹象表明，彼此分开的信息层，凝聚了玩家的意识，将玩家注意力转移到画面各处（也称为渠道）。这是一个关于“这是什么”、“在何时”、“将如何面对”的信息的渠道。

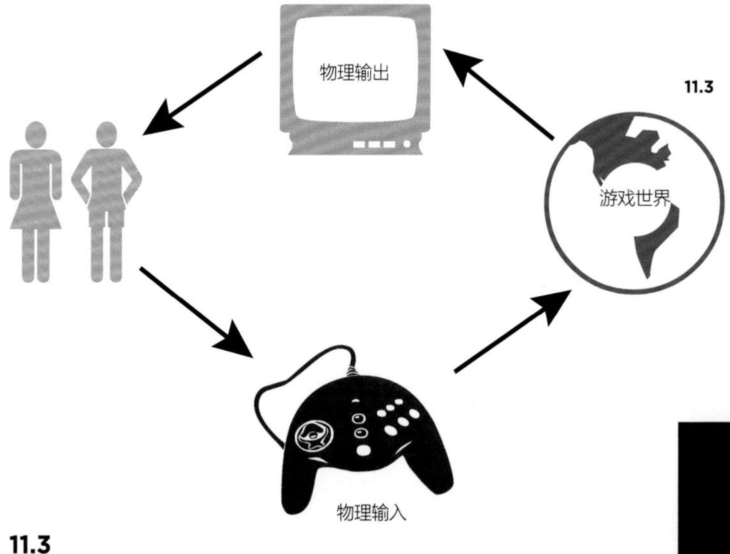

11.3

物理界面和虚拟界面。

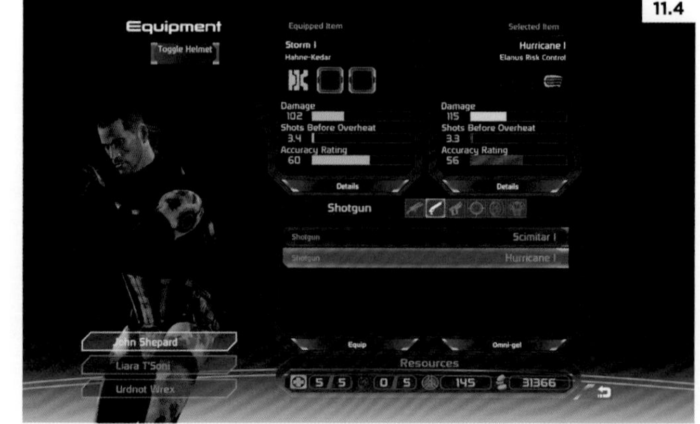

11.4

菜单（如《质量效应》中的这个）也需要设计得尽可能简约，因为很少有玩家打算花很多时间在这些界面上。图表、条块和易于理解的统计数据（例如，这把枪比另一把更强大，但射击范围很小），使玩家做出明确决定，并回到游戏中。

这是什么：如果玩家可以看到他们是在一片茂密的森林，界面并不需要说“你是站在一片森林”里，但它可能需要告诉他们，他们与其他玩家是位置关系或者关卡。界面要始终标示出角色有多少弹药或生命指征，因为这些因素对玩家来说总是很重要。

在何时：难道玩家始终如一的需要这些信息吗？如果是弹药或生命，那么答案很可能是“是的。”但玩家可能并不需要始终提醒他们已经拾取了以后会使用的道具。你将什么时候给玩家具体信息，如敌人的位置或者是附近的道具？

将如何面对：信息必须在不会干扰游戏世界中的交互行为的前提下传递给玩家。他们是否需要暂停动作去打开背包？多少的信息量玩家在视觉上乐于接受？是否有需要叠加界面（如其他视窗）的元素，或者可以让玩家直接与环境的一部分进行交互？

虚拟界面不只是集中在玩家可以看到什么，而且也集中在他们可以听到什么。如果玩家们正在仔细搜查他们的背包系统，而另一个NPC正在给他们将会影响他们前进的重要信息，这时，界面会阻挡游戏进行。最好的界面能让玩家感觉自然，作为一个界面实际上应该是“隐形”的。

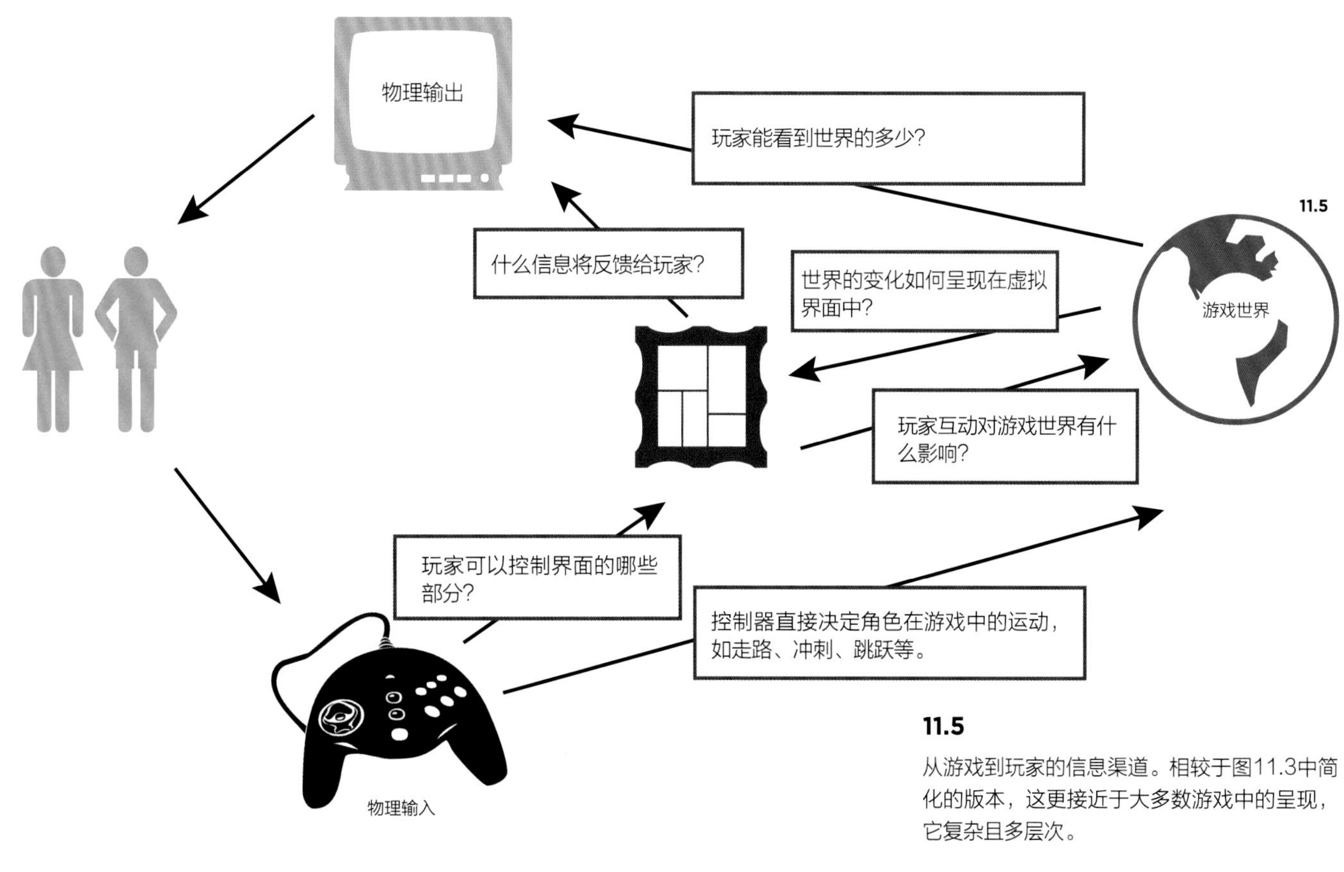

11.5

从游戏到玩家的信息渠道。相较于图11.3中简化的版本，这更接近于大多数游戏中的呈现，它复杂且多层次。

不可见性和反馈

最好的界面不引人注意。这很难为设计师，因为你希望玩家对游戏的各个方面唏嘘不已。关键在于这些部分只是起作用，并且不阻碍游戏可玩性，界面设计尤其如此。这是与玩家交流反馈的地方。如上所述，知道什么时候给玩家什么样的信息很重要。有限反馈的一个实例是电梯按钮。当按下时你通常会得到一些反馈，小箭头亮起，那么你必须等待，但你不知道电梯的抵达要多长时间。有数字指示了电梯轿厢所在的楼层，但本质上，这是毫无意义的，因为电梯轿厢可能停在某个楼层很长时间（像是永远一样）。其他的来客，即使他们看到亮起的箭头按钮，也免不了会再次按下按钮，虽然我们知道这对电梯的速度绝对没有影响。这是因为，客人对于电梯轿厢的前进得到的反馈不充分。当他们的行动没有得到回应，他们很快就会变得沮丧，然后觉得设备有什么不对。以欧洲和北美的人行横道一个更有用的界面为例。你一按下按钮，“等待”就会亮起来，直到你通过后才熄灭。一个简单的倒数计时会防止重复按下按钮和急躁情绪带来的沮丧，因为行人得到了有用的、实时更新的反馈。

一般的规则是，在玩家觉得游戏哪里有问题之前，你有1/10秒的时间给玩家提供他们需要的反馈。固有界面要随时给玩家反馈。只要他们按下控制器上的任意键，就会有回应。控制器被设计成带有摇杆，可向前和向后推，这样，即使玩家不知道每个按钮是做什么的，如果他们来回拨动摇杆，在屏幕上也会发生一些变化。新玩家将趋向于尝试用拇指拨动操纵杆，因为它们类似于现实世界中的杠杆。杆被推拉后动作就会发生，然后电子游戏里的角色或宇宙飞船会立即移动。

界面设计方案

做出正确的平衡确实困难。游戏拥有专业设计人员，称为界面设计师或用户界面（UI）设计师，他们的工作是理解与界面显示相关联的自定义按钮和控制系统。我在游戏设计课程中与学生交谈，“任何看起来太复杂的东西”都会让他们在玩游戏时分心（包括控制器本身，许多人认为超级任天堂娱乐系统已经有了终极的控制器，因为它是如此简单）。玩家想进入游戏开始玩，然后当他们去学时，因为基于他们已经在其他游戏或者在现实世界的经验（按钮被推，把手被转动等），界面和控制需要让玩家感到更直观和自然。

界面是沟通

考虑界面设计的隐喻是非常有用的。如果你已经在生活中玩过很多FPS类游戏，看到一个发光的绿色小瓶或带有红十字的白色盒子（“红十字”本身就是红十字会或医疗界采取的健康的比喻），你马上会知道这是一个健康包。这是一个电子游戏的约定俗成，在现实世界中无须过多解释。它是一个视觉隐喻。它与角色设计是一样的：男子尖尖的胡须和（像是1992年迪士尼的《阿拉丁》中的贾法尔）弯弯的眉毛被认为是邪恶的，因为我们习惯于这种类型。见第四章以获得更多关于刻板印象的知识。

电子游戏界面的隐喻问题是他们在电子游戏中唯一存在的，新到一个环境的玩家可能与公约相抗（这是上手过程和教程中试图防止的）。隐喻对于玩家来说是有用的捷径，帮助他们学习环境中的公约。因此，例如库存系统，看起来像角色穿着的一个背包，有助于玩家了解已收集物品的清单界面和电子游戏的世界（如《美国末日》中乔尔的背包）之间的关联。这个隐喻和现实世界的背包是不一样的，角色可能携带一系列无法理解的道具，与现实世界完全不同——但玩家可以理解这个关联。

隐喻还用于简单地传达复杂的系统。视觉隐喻可以用于给玩家传送信息。例如，一条墙上的裂缝，它似乎过大又或者仅在切换到红外线或“蝙蝠之眼”（如《蝙蝠侠》阿卡姆系列）情况下才提示有差异，因此可以交互。不同的界面隐喻还可以用来表示可攀爬区域，相对于那些无法访问的区域（如《古墓丽影》中的白色磨损的可攀爬墙壁）。这些例子都是隐喻，最终成为不只是一个游戏，而是很多游戏内部获悉的行为和约定。

菜单和界面系统为玩家提供了其他方面的反馈。没有游戏中的角色（或现实生活中的人）跟你聊聊怎么接近一个新的关卡或者你在当前的关卡走了多远。相反，游戏中界面的其他区域提供这些任务，并且根据需求可访问，信息并不会在游戏过程中获得。

11.6

在跑酷风格的游戏《镜之边缘》中，玩家导航的环境莫名地涂上黄色区域。黄色成为“跑到这来，这里可能有特殊的能力”，这在现实世界中将毫无意义，却是游戏中的规则集和机制的一部分。

11.7

这是一个例子，在《美国末日》中，明确定义了可访问区域，在游戏中充当联系前后关系的界面。世界语境的“警告”封条，通常会被用来防止损坏，在这种情况下，它是用来标示出可交互区域的不同。

界面类型

主题上，界面需要与你的游戏美术相匹配，尤其是菜单和其他信息展示板。这似乎是显而易见的，但太普通的界面可能容易使玩家从游戏中回到现实。

情境界面

设计师们一直在寻找更加直观、嵌入式的界面选项。例如，在《地铁2033》（4AGames，2010年）系列游戏中，界面被投影到游戏的关卡中，并且看起来是从角色的视角看到的。这就是所谓的情境界面。情境界面合并在游戏世界内。这些形式的界面让玩家沉浸在游戏中，可以增强故事叙事和浸入式体验。一个例子是《羞辱》中的“暗视觉”力量，在关卡中玩家使用它来高亮标出敌人并跟踪他们。它们不是复杂数据系统的理想解决方案，例如提升等级和制作系统。《死亡空间》利用关卡中的独特的区域，从服装到制作/升级到库存，从界面中分离出来。

11.8

《地铁2033》采用了情境界面：角色手腕上的手表测量仪显示出玩家还剩下多少氧气。

非情境界面

这是传统意义上的大多数人所说的界面。他们往往铺陈到游戏屏幕上，如《魔兽世界》，其中很多选项覆盖了主要行动区域的屏幕。《质量效应》授权的游戏中也有使用，玩家会完全退出游戏去执行某些必需的任务，如武器过载、练级等。

多元界面

多元界面是游戏基于艺术世界与玩家进行的信息传递。一个很好的例子是，由于主要角色受到伤害，血液像草莓酱一样飞溅在玩家的屏幕上。在第一人称游戏中，也就是在视图中没有身体，可用于将损害可视化。所以在一些授权游戏中，如《使命召唤：现代战争3》或《战争机器》，红色的“血”被四溅在屏幕上或红色从边缘变淡褪去，限制了视野，这作为一个视觉隐喻暗示玩家被击中了、出血了或快死了。多元界面的其他形式是覆盖到场景的信息性图形、任务目标或标题。

空间界面

空间界面突破了游戏审美，但在玩家需要的时候给他们提供了细节。一个例子是寻路系统，例如，活动的箭头为玩家提供了基于其当前目标的方向信息《生化奇兵：无限》、《神鬼寓言3》和《细胞分裂5：断罪》（育碧蒙特利尔工作室）都使用了这些。

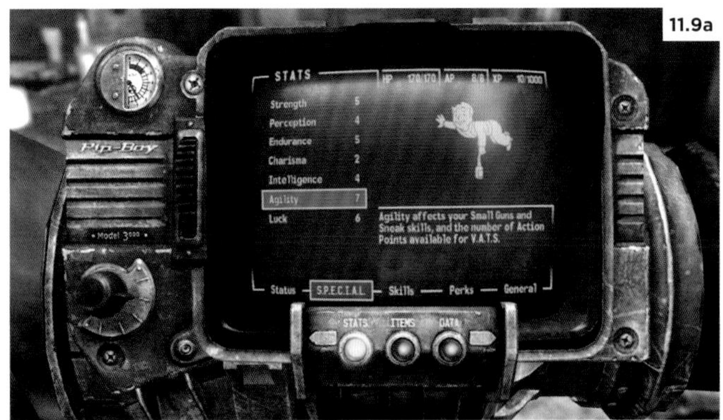

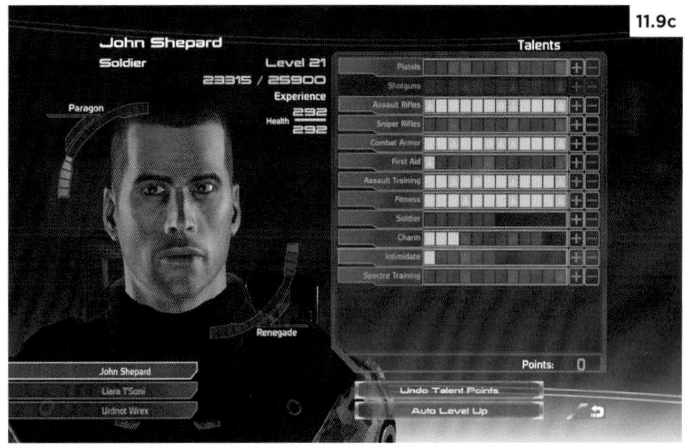

11.9a

《辐射3》中的Pip-boy界面填满整个屏幕，并使玩家跳出了当前游戏内容。它已被设计为情境界面，因为它包括一个模糊的游戏背景，并且玩家的角色模型中佩戴着该设备。

11.9b

多元界面的另一种形式是信息投影到游戏空间，例如在《辐射3》中，这不但是一个审美选择也是界面设计的决定。

11.9c

《质量效应》中的这个界面被设计用于特定任务和传送特定信息。虽然它需要玩家完全跳出当前游戏，但它仍然与游戏的设计美学保持一致。

映射与模式

界面设计包括映射与模式。映射界面包括字面上绘图，或设计附着到玩家的一连串输入和输出事件的序列。简单地说，映射回答了这个问题：“当玩家按下‘A’按钮，在这种情况下，或是在那种情况下会发生什么？”，界面和玩家可以做的动作越简单，就越容易生成映射。例如，多点触控智能手机或移动设备都由于硬件的性质必然要求简单控制。他们还利用游戏机和电脑游戏不能有的手势控制的方式，例如，《水果忍者》（Halfbrick工作室，2010年）中在屏幕上滑动手指为“切”。在游戏中的动作之上的一对一的映射按钮就是面板模式。模式是关联语境的用户界面，将依赖于玩家在游戏中做的事情而改变。例如，“B”按钮可能通常让角色跑得更快，但是当他们接近梯子时，它可以让人物攀升。如果用得不聪明，模式可能让玩家困惑，因为当他们遇到时，他们要重新评定其与游戏控制方案的关系。改变已获悉的使用行为是棘手的，尤其是一组有限的按钮被用来组合成一系列复杂的各种动作。

环境是引入模式改变的一个有用的、更优雅的方式。例如，开放世界游戏中，当玩家从行人转变为驾驶汽车时，按钮设计需要重新映射去适应新设备。一旦到车外时，模式又返回初始。这对玩家是有意义的，因为该模式在游戏情节下响应于他们行为的改变，从而转变为适配的视觉（走路与车内的对比）。

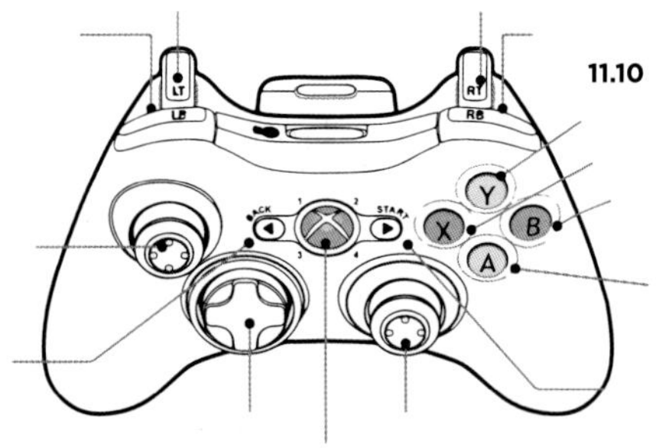

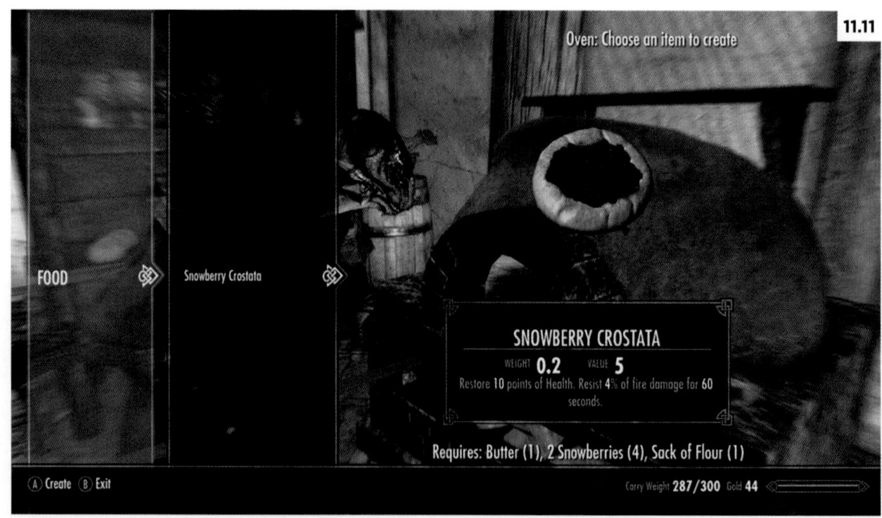

11.10

控制台控制器的按钮是有限的数组，经常与上下文相关操作（一键多次做游戏中的任务）。在游戏教程和屏幕上的提示使玩家轻松地熟悉控制系统，直到玩家与游戏之间的界面的感觉直觉化。

11.11

在《天际》中，操作系统的变化完全取决于游戏中的环境。例如，当玩家已经进入了烹饪的迷你游戏环境，用于交谈或战斗的按钮被重新设定。

界面过载

在设计界面时，设计人员必须谨慎，不要给玩家过多或过少的信息。在不堪重负前，我们可以接受一定数量的信息渠道。于是“信噪比”高了，我们被迫区分信息的优先次序。设计师要避免这种超负荷，因为它使人脱离游戏玩法。

与主流看法相反，我们不会同时进行多项任务，以免切换注意点。我们会决定什么是最重要的、最相关的信息并吸收它。例如，在玩《质量效应3》时（BioWare公司，2013年），如果敌人来到玩家面前，玩家将较少注意环境、酷炫的关卡设计，房间里有什么道具和更多的危机，以及弹药的数量和健康/保护罩的水平。如果在战斗中有暂停，玩家可以切换寻找模式，并在周围得到更多健康包和弹药。

11.12

Codemasters公司的赛车游戏《GRID2》（2013年）优雅地简化了界面，同时还提供必要的反馈，如速度和地图。汽车的聚焦点变少有助于腾出宝贵的屏幕空间。

11.13

在Paradox Interactive公司的《十字军之王2》（2012年）的这个界面中显示的巨大的信息数量可能让新手玩家晕头转向。

提示

视觉层次

设计师都知道视觉超载、注意力转换的问题，因为他们学了视觉层次。视觉层次是一种常见的倾向，当人们在视觉上不堪重负，他们会忽略最不显眼的而偏好最显眼的。因此，人们在看海报会注意到鲜明的粗体字和好看的模特，但可能不会注意到较小的印记或标语。这就是为什么关卡设计师在有着丰富的模型环境的情况下，必须使可交互的或有用的对象突出。例如，在游戏《刺客信条》中有很多板条箱和盒子，但有些上面有锥形的亮光。这种差异吸引玩家走向对象，因为它在他们的视觉层次里脱颖而出。一旦玩家遇到过这种形式的界面——“发光的物体”，他们将会在关卡的其他地区搜寻它，因为他们现在明白这个暗示了互动。玩家需要的或应该与之交互的任何物体都必须在视觉层次结构的顶层。这可以通过明显的方式来完成，如《刺客信条》里的，或者更加细节的。例如在游戏《羞辱》里，可交互和不可交互的物体只有在人物的直接注视时才能鉴别出来。

与电子游戏设计每一个环节一样，界面设计也要深思熟虑并制定计划，当原型一启动和运行就要尽快更新起来。通用界面可以在早期版本中用于测试游戏机制，但界面设计需要考虑到规划和实施的各个阶段。电子游戏设计师往往会倾向于专注视觉，这很好理解。然而，界面和控制系统的另一种间接形式是音频设计。

音频设计

操纵声音

音效和令人澎湃的配乐可以创造氛围和感伤，从而引导玩家的情绪状态以及告知他们附近有什么物体。《刺客信条》里发光的宝箱中有一盏灯，一旦察觉，声音随之产生。这就好比一个听觉的“闪烁”，它可以帮助玩家自动寻找到宝箱的位置。音频作用于视觉效果和机制，并增强了沉浸感。音频也可以并存于游戏世界之外成为标志（例如，马里奥的跳跃声，或《合金装备5：幻痛》的检测感叹号声音）。

如视觉设计师所做的一样，音频设计师也可以用同样的方式，在他们的武器库中添加文化和心理学因素。在一个恐怖游戏中，人类受苦的喊声是合理的假设，尤其是儿童的哭声，将会在情绪上影响玩家。与视觉设计一样，音频可以被过度使用，并且一旦玩家变得过于在意它或开始期望某一声音时，情感共振就会消失。激奋人心的声音或音乐（如马里奥游戏的音频）会失真，但经过一段时间的无限循环之后，即使是最振奋人心的声音也会令人烦躁。

操纵有负面的含义，但正如我们在关卡设计和游戏设计其他方面的探索，努力为玩家营造包括强制和操纵在内的最佳的体验。游戏如《神秘海域》或《质量效应》，混合了动作和科幻要素，用管弦乐强调情绪，在一个镜头或过场里达到精力充沛的峰值。独立游戏可能更依赖于环境的音乐和音效来传达一个地方的感觉。这可以像通过放大和回响的脚步声来传达一个地区的空荡虚无一样简单，如在《地狱边境》中（Playdead公司，2010年），使用声音来巧妙地告知玩家他们原路返回了（以前去过的房间听起来可能和新的不同）。

音频可以同时作用于几个关卡。例如，在汽车追逐或赛车模拟中，音频设计师可以使用高节奏的音乐，以鼓励玩家开得更快。音乐越是狂热，玩家的体验感觉越强烈。声音提示也可以引导玩家靠近或远离关卡中的区域。开心、欢乐的声音会建立友好的，让玩家停留的区域，而较黑暗的声音可能会让玩家对于深入探索一个地区感到更加惶惑，直到他们觉得自己更强大了或有了更好的装备。音频可以潜移默化地改变玩家的心情。在《神鬼寓言3》中，每个城市都有不同的配乐或主旋律，音乐的短循环与一个角色或场景相关联（主旋律的一个例子是，《星球大战》当达斯·维达出场时总是播放的帝国进行曲主旋律）。《在神鬼寓言2和3》的城市包尔斯顿里，这里环境音乐有一个乐观、愉快的背景，这与游戏世界里其他地区明显不同。音乐可能会不知不觉地被玩家所忽视，但潜意识里他们将听到这些声音提示并且在情绪上做出反应。

11.14

除了视觉上不同，《神鬼寓言2》中血石镇和包尔斯顿者两个城镇也有着非常不同的声音美学。周围环境的噪声和音乐证实了这些区域的特色。

音效设计

我们都知道光剑听起来是什么声音。《星球大战》电影和动画的里姆斯给了我们这些虚构武器的确切声音。它和《星际迷航》里的移相器或其他科幻电影里的疾速炮一样。音效由录音师制作，使无生命的物体或幻想的物品变得真实。

在设计时，声音实验是非常重要的。外界的古怪场所可能是最佳的声音来源。例如，达斯·维达标志性的呼吸声音是音响设计师本·伯特使用潜水呼吸设备，并通过一些过滤器录制出来的。光剑的声音最初来自电影放映机马达。创造一个声音库是有用的，而使用便携式录音设备也同样有用。

音响设计师会记录一切：开枪的声音，不同速度的发动机噪音，一年中不同时间的乡村的声音。在游戏的方式中，人们知道什么时候会产生视觉偏离——如果看起来或感觉不太对劲时，而音频也是一样。即使玩家从来没有听过法拉利引擎或者发射激光枪的声音，他们会在游戏世界的环境下对声音听起来感觉正确存在期望。录制实况使得声音在游戏中有自己独特的“音色”。在电影中，会在真实场景中用真实的演员来表现。在电子游戏中，所有的声音都是为了游戏而创造的。

提示

拟音

传统上，拟音是电影拍摄后添加的录制音效的艺术。它也可以用在电子游戏设计中，以及音效可以有最不寻常的来源。拟音艺术家录制声音，通常是在工作室，以获得尽可能干净的声音，然后把声音复制到游戏和电影中。拟音最常用于创造音效，如关门、叮当响的盘子和脚步声。在一个电子游戏中，拟音可以用来创作很难在现实世界中捕捉到的声音。例如，骨头破碎的声音可以通过录制鲜芹菜被咔嚓掐断的声音而获得，以及被捣成泥“黏糊糊的”大脑可以通过把手伸进成熟的西瓜内乱搅来实现。

环境音频

在电子游戏中，周围环境的声音充实了游戏世界，让它变得完整。它们延伸了这想象的世界，使之超出了肉眼所见。玩家不需要知道飞船引擎在哪里，但如果他们能听到它们的声音，他们就知道它们的存在。

环境声音可以准备或提示玩家的行动。它可以通过遥远但越来越紧密的警报器声来预先警告玩家，或用直升机旋翼桨叶声来推进玩家的位置。电影和电子游戏音频的区别在于游戏音效是可以互动的。警报器发出刺耳声音的场景是有些玩家可能永远到不了的地方。游戏的环境告知玩家可能会怎样或可能听不到什么。玩家直接视角以外的世界，由声音来反映出游戏世界的环境会极大增加玩家沉浸度。交互或回应音频被应用于许多游戏类型中，从玩家得分时体育场人群的欢呼到玩家接近Boss战场景时音乐的改变。你需要深入了解你的游戏才能创建出适合的游戏环境。只有你知道创建的世界有怎样声音，并让它们在合适的时间出现，以及伴随游戏本身的发展反复更新。

11.15

音频设计的每一个方面都影响着如何把游戏卖给玩家。当现实世界有类似物时，这尤其困难，例如某人的声音。这里我们看到《劲爆美式橄榄球13》包含菲尔·西姆斯和吉姆·白兰度他们本人的声音。屏幕上出现演员或评论员的角色让玩家感觉像真的一样。语音、音效和音乐都需要调整到创建一个令玩家可以迷失其中的沉浸式虚拟现实。

泰森·斯蒂尔

UI 设计师，Epic Game公司

泰森·斯蒂尔是一名开发人员、设计师、艺术家，在印刷和互动媒体创作方面经验丰富。他的工作是专注于用户体验和流程化艺术品。

你是Epic Game公司的用户界面（UI）和用户体验（UX）设计师。你能解释一下关于电子游戏中的UI和UX设计吗?

“UI并不像游戏开发的其他部分那样拥有酷炫的元素，例如动画或游戏设计，但它是大部分标题的重要组成部分，而且经常因为人员、时间或识别度缺乏而被忽视，用户界面可以升华或毁掉游戏，所以我的职业生涯中大部分时间一直在致力于完善这个任务。”

“在电子游戏开发中，UI仅仅是用户体验设计这个更大的领域的组成部分。虽然UI，在字面意义只是玩家用来浏览你的游戏，并了解重要信息的一套菜单和显示元素，UX考虑到大量的影响可用性、可访问性、积极性和人体工程学的次要因素。在史诗游戏中，我们的UX团队由西莉亚·奥当率领，她拥有认知心理学博士学位。我们广泛使用内部测试并反复改进我们的界面设计。”

如何区别UI设计的好坏?

“在我当年进入Epic Game公司的面试时，我被要求用一个词描述理想的UI。我的回答是‘无形的’。好的用户界面应该在玩家寻找它时服务于他们，但在大多数情况下，其自身不应该引起注意，因为有阻碍游戏进行的风险。你的界面能够有效显示信息，以及引导玩家不从游戏的核心玩法中分心，应该是设计的首要问题。‘坏’的用户界面通常用起来很困难或烦琐，容易分散注意力或引发混乱。”

作为一名UX设计师，什么是设计中要确立的最重要的方面？当你考虑UX的设计时，你如何着手处理每一个项目？

“为玩家成功传送信息通常是一个成功的用户体验设计中最困难的部分。开始着手的最好方式往往是了解你的受众，他们的意向和体验标准。玩家在多种环境下反复执行的操作应该在早期就从更加人性化、引导路径中分开。即使核心游戏循环包含‘不能缩减的复杂性’机制，社交/移动行业认为，精巧的制作在FTUE（首次用户体验）阶段可以决定玩家会长时间驻足，进而深入探索游戏，或者选择放弃。”

你有什么建议给那些需要致力于在游戏中创造积极的、有趣的、引人入胜的体验的新人设计师？

“让玩家很快地沉浸在你的游戏里。在游戏设计中‘电梯法则’的概念是将你的核心游戏循环和前提压缩成几个句子来表达。如果我们走进同一部电梯里，在20~30秒之间，你需要说服我让我认为你的项目应该或者最好，甚至必须执行，你要说什么？”

“获得这一信息，并估计出如何将游戏可玩性在几分钟之内告知玩家。如果你的游戏机制复杂且引人入胜，梳理出它的深度而不是泛泛而谈。如果你的游戏都是关于动作的，将玩家置于中心。如果它是一个沙盒式的体验，给玩家留有余地，让他们制造自己的故事。”

本章小结

界面和音效使游戏的设计步骤变得完整。如果它们有问题，游戏很可能就毁了。设计游戏的界面和机制，尽早将它们确定会是一个好主意，但是当你问玩家如何生活在游戏世界时，你还需要问你的游戏世界给玩家提供了怎样的声音。这是关于一个角色声音的音质，或是声音通知玩家已经在你的游戏中取得了一个新关卡的方式。界面是在游戏视觉层面之上的交流层面，像声音一样，需要有些不明显和细微的差别，使得玩家在使用它们时不会跳出游戏空间。

你现在有一个游戏世界，包含机制、关卡、音频、界面和交互。在第十二章中，我们将探讨对游戏设计师来说下一步是什么。当出售你的游戏时要有哪些销售权，或用什么来在行业中获得知名度?

讨论要点

1. 界面是很多玩家忽视的一个游戏设计领域。哪些游戏界面最适合你，哪些不是?

2. 给最近的几个游戏或者很老的街机游戏做粗略的盘点，界面是如何从显眼到不显眼的? 游戏设计师如何实现这一目标?

3. 音效如何对你的游戏体验造成积极或消极的影响? 调研并列出一些精心设计音频的游戏和一些音频阻碍游戏体验（无论何种原因）的案例。

第三部分
系统和设计世界

第十二章：
货币化、
版权和知识产权

12.1

《美国末日：重制版》（The Last of Us Remastered），由顽皮狗工作室开发（2014年）。

本章目标：

- 了解融资模式
- 关于与发行商合作利弊的讨论
- 版权和知识产权问题的考量

商业投入

在这最后一章中，我们将重点介绍一些电子游戏设计商业方面的信息。无论你是否对筹资模型和数字分配的独立发行感兴趣，或者你已经打算为游戏设计工作室工作，且该工作室已经有了一位开发者。本章涵盖了一些你需要知道的东西。需要说明的是，这并不是一个详尽的回顾：因为新的金融模式几乎每年都会如雨后春笋般冒出来（例如“免费增值模式”和“免费玩模式”等商业模式都是比较新的成功模式）。你正在使用的所有权可能包含多个层次的利益相关者的切身利益，当然，没有任何一个商业模式会适合所有的命题。这可能是你正在参与制作的一个授权的电子游戏（例如，一个基于《饥饿游戏》专营权的电子游戏），如此可见，外部的影响很可能对你的创作过程施加约束和操控。授权游戏可能是一个更大营销推广计划的一部分，所以最后期限可能会比较紧张，对演员的声音和形象的控制可能也会受到限制等等。问题的关键是，投资游戏的人和具有金融决策权的人会显著地影响游戏本身，比如机械运作和美学风格（例如，发行商或市场营销部门可能会使游戏更迎合市场需求，而不是让设计团队自己制定方案）。

正如任何创造性的媒体，电子游戏也遵循金融体系的趋势，在2014年至2015年，免费任玩模式是非常受欢迎的；在2011年至2012年，有对Zynga风格的FarmVille游戏的淘金热（2009年），众多业内专家呼吁Facebook和其他社交媒体提供一个可行的游戏平台。在这之前，PC游戏模式已被宣布彻底死亡，直到其在过去的八年间再次复苏。一些公司已经在构建金融模式中投入了大量资金（例如《英雄联盟》），但这开创了“淘金”的理念，许多发行商和开发商瞄准这一趋势，作为一个确保盈利的安全途径。和任何创造性的尝试一样，赚钱的方法也不是一成不变的。虽然所有方面都存在风险，但作为一个设计师，你必须决定究竟哪一个模式最适合你的游戏。

当（在任何平台上）开发任何电子游戏时，有两条规则：

规则1：确保什么内容是最适合你的盈利模式的。无论你使用什么金融模式，糟糕的内容是不会畅销的。反之，良好的内容无论什么货币模式都很可能畅销。

规则2：确保你尽快拥有一个财务模型。任何添加游戏商店或突然开放游戏免费权限的策略对于游戏开发者来说都是巨大改动，这变化就好比从第一人称射击游戏到游戏平台的跨越。

12.2

授权作品如《回到未来》（Telltale游戏设计团队，2010年，iOS平台）带有明显的创造性的限制（或自由，这取决于你如何看待它）。人物的声音与动作和电影人物几乎一致，游戏世界也更近似于我们真实的世界，这正是玩家和粉丝们都期待的。从设计师的角度来看，金融风险要低得多，因为存在现有的粉丝基础和特许经营的文化依附。

了解货币化和资金

为你的游戏选择最好的商业模式（你是如何去推销你的游戏并赚钱的）不是一个简单的事情。货币化（你将如何赚钱）和资金（什么让你开发你的游戏）之间是有区别的。一个相对新的融资模式的例子是最近成功的众筹电子游戏项目。由Double Fine制作小组制作的游戏《破碎时光》（2014年）通过获得330万美元的资助，使得这游戏开发继续进行，但创造了另一个问题，即创作一个游戏的开发成本。发行商资助游戏开发直到最终完成，然后收回游戏最终利润的一部分（一般为30%左右）。这意味着发行商与开发商也面临着巨大的金融风险，所以他们不太可能去资助一个“风险项目”。这就是很多流行的游戏都有续集的一个原因。

Double Fine制作小组所做的就是成为自己的发行商——因为发行商可以对创意过程产生重大影响，发行商的问题是主要集中在赚钱过程，而不是在创作过程。了解任何企业的财务状况都是很困难的，因此即使Double Fine制作小组是一个多年制作电子游戏经验丰富的工作室，他们也会在开发《破碎时光》到一半时就用完了所有的资金。

提示

设计文件

第二章涵盖了规划角度的设计文件，它们的其他功能是金融。如果你要为游戏寻找发行商，你需要一个非常详细的设计文档。有内部和外部的设计文件（有时外部文件被称为技术或游戏介绍文件），他们谈论的细节不只是游戏本身，也包括商业计划，其中包括市场研究、市场分析、财务成本、预算和时间表。

一旦你有一个文件，你就可以推销你的游戏给发行商。这意味着有一个可玩的游戏用于演示，并说服出版商认为你的游戏很棒，如果你做到了，那么你的游戏就可以用作出售了。设计文件的进一步概述详见这本书的网站：www. Bloomsbury.com/Salmond-Video-Game

发行商：进退两难

发行商是电子游戏产业中的争议话题。在任何游戏开发者会议上，你会听到很多人赞扬发行商。发行商的角色是承担游戏开发的经费，通常有以下两种方式：资助一个电子游戏开发商（已知的发行商外部开发。例如，索尼电脑娱乐公司发行的《顽皮狗的神秘海域》系列）或资金内部开发人员（简称工作室。例如，育碧开发的《刺客信条》）。发行商同样有用，因为他们承担了游戏的发行和营销的各个方面。他们还处理其他相关的问题（一个现有的财产或特许权）和控制台许可（你必须支付的金额，你必须支付游戏机制造商的硬件等等），以及广告费用。

发行商确实有投入：他们作为生产者或项目经理将负责管理和监督游戏的开发（这些通常不是外部人员，但项目经理将与发行商联系）。他们的工作就是去监测游戏的进展，并确保重要阶段和最后期限。他们也将在发展过程中给予投入，可能会基于财务决策并涉及经费缩减或增加。

当开发人员到达特定的开发阶段（转折点），发行商通常会向外部电子游戏开发人员定期预付款。与发行商合作的好处是，无论游戏是否做得好，设计师都会得到报酬。缺点是在投入（当它不需要设计师）时，发行商从外部或内部工作室开出利润的百分比悬殊较大（相比自行出版这是显著的）。

提示

你的60美元在电子游戏中去哪了？

你要知道的最重要的数字之一是游戏究竟得带来多少收入（销售量）才可以达到收支平衡。发行商会以多种方式来计算这个价值。当你看到一个游戏卖60美元时，发行商收到的钱是整体销售价格的一大部分。（请记住，在大多数发行商的合同中，已经支付游戏的报酬给你，所以如果你不做一些聪明的合同谈判，就不会获得额外的钱。）

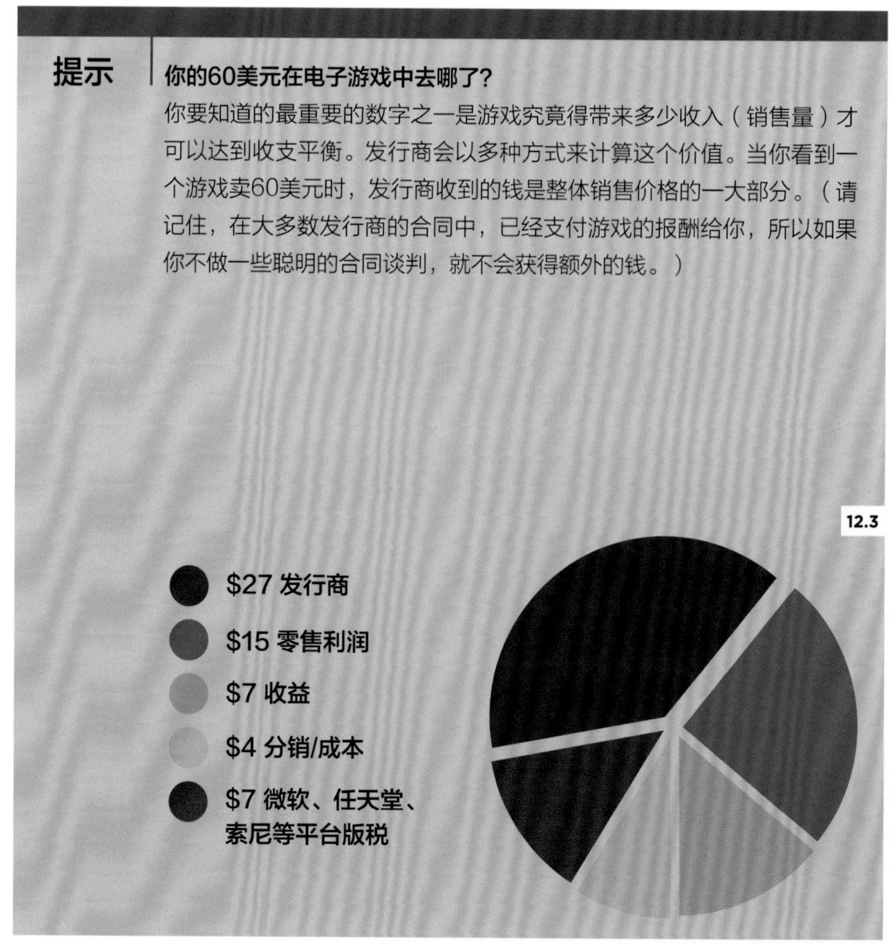

12.3

资金去向。

在联系发行商和销售你的游戏之前（如果你幸运的话），要知道有一些你可能忽视的注意事项：

1. IP（知识产权）权利。正如本章的第二部分所解释的，这些都是你创造作品的所有权。有时一个发行商想要你的全部知识产权或部分所有权。因为如果游戏大卖，出版商可以控制续集、媒体转换（电视剧，小说，电影等）和将其商品化。如果你签这个，那么你会失去这些潜在的收入（有时称为剩余价值）。

2. 多个游戏交易。这听上去很不错，在这些交易中，发行商要求你和他们呆在一起，制作多个游戏。然而，如果你的游戏会引发销售热潮，并且真的很好，那么你不能再为下一次的游戏重新谈判你的条件。所以，从本质上讲，你将得到很少的报酬去做后两个或三个。相反，如果你的游戏做得不好，通常有一个既定的条款来减缓发行商放弃你，但不是你放弃发行商。

3. 透明度。发行商在业务上赚钱，而且往往对此很擅长。他们也有合同、律师，许多生产商还有会计师。当你和一个发行商签订合同时，你总是会处在被动位置，他们占据全部的优势，因为他们将为你的游戏提供资金。

如果发行商请你展示你的游戏给他们，要知道他们想要的是令人兴奋的游戏理念和令人赞叹的专业水准。你需要准备华而不实的预告片和试玩，以及所有的成本和时间表制定方案。演示必须看起来尽可能接近一个完成品，即使它是个只有几分钟的游戏。发行商正在寻找他们可以投资和销售的东西，他们也倾向于规避风险。向他们展示没有声音、没有核心玩法的一个半成品游戏是不会得到他们的青睐的。假设你走到这一步：现实情况是提交大约90%的游戏给发行商（他们已经代表工作室之外）都会被拒绝。

这可能听起来过于消极，也不是所有的发行商都以这种方式工作。在业界有很多的讨论，以说服发行商做出改变，有些也的确奏效了。好的发行商与他们的开发者和消费者建立良好的关系，以及确保所有各方都能和睦相处。正如任何的尝试都在开始前被警告，如果你将参加与发行商的谈判，你需要在一个更平等的地位上这样做。

独立开发：自筹资金及募资

如果你是一个小团队或个人开发者，让发行商给你投资可能已经超出了范畴（虽然Hello Games在这方面做得很好，《摩托车手》（2010年）、《无人深空》（2015年）以及创造了《花之旅》的游戏公司）。今天，有许多让他人资助你游戏的潜在方法。目前比较流行的办法是Steam的“绿灯”计划、Kickstarter平台、独立基金和Steam的“抢先体验”功能。

考虑到现在这些资助模式非常流行，你的游戏理念则迫切需要超越其他人。所有这些网站都有类似的方法来让你开始。你将要制作一个游戏的视频（播放原型或是一个预告片）让人们感兴趣，另外你要提供其他的材料，比如开发者日记、艺术品等等。有效地推销你的游戏和网站，扩大人气。作为一个未知的游戏是很难引起别人的关注的，不过也可以吸引到那些真正喜爱游戏和创意的人。

众筹

对于许多独立的开发者来说，众筹已被证明是为他们的游戏争取资金的最佳方法。这并不是说，大多数独立开发者放弃全职工作来创作自己的游戏。盲目众筹（就是说你）可能无法达到预期目标，而你作为开发人员需要不断推送新内容以确保人们加入你的游戏。由于电子游戏开发的本质，Kickstarter平台上有详细的指南来帮助用户、支持者和项目创建者达到预期。他们策划了一组基本的项目目标和交付标准。项目创建者针对预期目标将解释发展过程，以及支持者的钱用在哪里，但伴随发行，风险仍然掌握在支持者的手中。如果你走众筹路线，那么你必须明白人们正是根据你对游戏的承诺而将血汗钱托付给你的。

这意味着为支持者提供报酬和许诺他们最后期限。从海报到T恤冠名权——支持者们似乎很热衷于此。有一个非常现实的责任，那就是提供关于创建交付电子游戏的承诺。你必须是（且被认为是）富有创新意识的、充满激情的，并专注于筹集资金，与你的游戏和支持者保持统一战线。

提示

风险投资公司

虽然通常与硅谷的初创公司合作，风险投资公司同样也喜欢投资电子游戏工作室。例如，Benchmark公司资助了Riot Games公司、Hammer & Chisel公司和Gaikai公司。

风险投资公司有效地以“购买”的方式进入你的公司，将预计的收益从30%提升到40%，这取决于他们的投资（你收到多少资金）。风险投资公司，就像一个发行商，通过资助你吸收了大量的资金，但与发行商不同的是，它很少干涉创意决策。这些公司也知道有风险，比如你的游戏可能因为不够畅销而导致他们不足以赚回投资。

自筹资金

自筹资金是另一种选择。这可能来自储蓄、贷款（一定要非常谨慎对待这个选择），或“爸爸妈妈的积蓄”。如果游戏是一个大家喜爱的工作，你不必给制作人员发工资（假设你的团队同意），很明显，你的成本将是最小的。同样，如果有很好的机会，你的开发时间将是几年，而不是几个月（汤姆·弗朗西斯，在第八章接受采访，在做电子游戏记者的全职工作时，花了两年时间来开发《枪口》）。所有的众筹网站都有如何提交的详细信息。有的（如Steam的“绿灯”计划）会收取一定的费用，而其他需要从资助项目（Kickstarter平台需要5%的最终筹资金额）中削减。在这些过程中会得到更多的信息，纪录片《独立游戏大电影》（Indie Game：The Movie，2012年），由Lisanne Pajot和James Swirsky执导，在ISA速成班推出一款成功的电子游戏。你还可以在Double Fine阅读开发者日记中重温他们在Kickstarter平台上制作时经历的重重磨砺及考验。

即使你有一个受到完全资助的游戏，资金将只包括创建游戏，一旦游戏销售你也必须考虑赚钱。目前，针对独立开发者而言最开放的平台是PC、Steam或GOG网上商店。PC的优势在于没有一个公司拥有如此多的硬件去坚持质量、保证技术或要求许可权，你只需在其平台上运行游戏即可。PC平台更容易发展、具有更多的工具、可调节免费和付费，这使得任何游戏的创建变成可能。在过去的几年里，PC平台已经成为独立游戏开发者们的选择。

货币化模式

你的游戏是否赚钱主要受很多外因的影响，光是成本多少就可以影响游戏的性能。畅销游戏要与营销、游戏媒体的兴趣、视觉吸引力、推出日期、完善的技术机制和易于使用的货币化选项相结合。即便如此，也没有成功的定式，当《Kate Flack》（EA公司开发）在接受Gamasutra公司（Rose，2013年）采访时曾表示：

“似乎每个人都在寻找一个现成的解决方案，一刀切的方法将指引他们实现利益最大化。希望有一个‘正确地做事情方式’，这个想法是天方夜谭。”

只是因为游戏X“通过免费任玩模式”取得了一笔财富，并不一定意味着那是正确的选择。同时，给第一个游戏“打造品牌”时偶尔会成功，但消费者期望反应的问题是：“你的最后一个游戏是免费的，我不想为你的游戏付费。”大多数安卓和苹果应用程序商店的游戏平均赚很少的钱（免费下载游戏的人中大约只有1.5%的人会为游戏充值）。那么还有什么其他选择呢？有很多，以下是我在货币化模式下已经探索了一些较新的创新方式。

12.4

MMO类型游戏《激战2》（ArenaNet®开发，2012年）是以传统的方式购买（光盘或下载），也包含在游戏中购买或微交易提供给玩家。《激战》也有一个交易游戏物品的玩家市场。这种混合模型是有争议的，但被证明是受开发者欢迎的，因为他们能够收回购买游戏的成本，然后再通过微交易进行消费。

免费游戏（F2P）和免费增值

免费任玩就像你所期望的那样：没有“入场费”。相反，你为玩家提供游戏内购买，为游戏提供资金，并为其继续开发或更新游戏。免费任玩不是一个全新的模式，但它是非常受欢迎的，尤其是在MOBA类型（多人在线竞技游戏），如《传奇2》和《英雄联盟》。免费的问题在于，虽然它已被证明是一些游戏的非常成功的收入手段，但玩家往往侧重一个游戏且似乎没有尝试其他游戏的意思。

开发人员的问题是，收入必须被规划出来，并建立在整个设计过程中。有了一个零售游戏，你投入成品在一个平台上销售，如Valve’s Steam，然后人们（假设的）给你钱来支付你的成本和费用。F2P使得玩家通过购买一定形式的游戏商店的物品来进行另一个层面的工作。你需要跟踪分析哪些玩家在哪些项目上付费。你还可能需要知道有哪些形式的玩家交换中心，玩家喜欢在游戏中还是在外部商店里买卖物品，等等。

这使得游戏创作过程更为复杂，需要额外的规划和测试。有利的一面是玩家更可能只玩你的游戏，因为它是免费的，毕竟人们都喜欢免费的东西。一旦你让他们玩你的游戏，你需要确保他们也会在里面购买物品以支付持续的发展成本。正因为如此，作为一个开发者，你的游戏仍未结束。只要它能够实现利润最大化，游戏就可以持续，还需要定期更新，玩家才不会觉得它过时。许多F2P游戏设置有限的游戏次数以增加玩家的购买量。为移动设备创建的游戏，一般的游戏时间为几分钟，而《传奇2》或《英雄联盟》比赛时间约40分钟至1小时。免费和游戏时长无关，这些都是为了吸引玩家定期回来，直到演变成一种习惯。

F2P游戏往往会有比控制台或基于PC的单人游戏更广泛的受众。虽然MOBAs的例子是非常受欢迎的，当然也有大量的免费手机游戏和网络游戏受到欢迎。这些游戏可以来自所谓的休闲游戏（一个有争议的术语，因为它引起了游戏玩家关于他们玩的游戏类型之间的争议）。休闲玩家令人难以置信的广泛，年轻的、年长的，以及更多的女性玩家，你作为一个设计师，必须学会参与。这个因素会影响你的界面、审美和游戏机制。F2P游戏往往是社会性的。他们是这样销售的：玩家积极鼓励邀请其他人通过社交连接的设备，如智能手机来加入到游戏当中。这种推广策略容易得多，因为游戏是免费的，也没有昂贵的邀请门槛。许多移动和在线游戏的社交图（玩家连接到玩家）利用其优势来提升转换客户的数量。如《僵尸末日》或《糖果粉碎传奇》（King公司，2012年）就是个很好的真实范例。

12.5a

12.5b

12.5a

《炉石》（暴雪娱乐公司，2014年）是一个免费的虚拟卡牌游戏，也有小额交易使其货币化。它被看作是一个休闲游戏，因为大多数情况下游戏时间不到一个小时，但玩家也可以花更长的时间来真正掌握游戏。微交易是可以购买不同的卡片和进入竞技场。卡牌游戏牢牢地抓住了玩家们的收藏情结，因为很多玩家可能都有过儿时收集棒球卡牌的经历。

12.5b

在F2P游戏《英雄联盟》中，玩家花几美元购买皮肤。有些皮肤可以带来特殊能力，而其他的则是用来装饰。人物费德提克被给予了由玩家社区提供的生日皮肤。F2P游戏需要社区的支持使玩家成为产品大使。

F2P类型有几种不同的货币化的考量：

联合营销。联合营销的一个例子是让玩家在另一个网站上注册，然后再付钱给你运作的系统。

游戏内置广告。广告商通过付费在你的游戏或你的游戏网站上公布他们的广告。这很棘手，因为如果你能证明你的游戏是有玩家基础和广告价值的，那么广告商才最有可能给你钱。因此，这不能算是一个发展渠道，不过一旦游戏运行起来，那么这个渠道也值得一试，当然广告不能显得太突兀，也不能干扰到游戏。

免费增值。虽然类似于免费游戏，但也有免费增值模式鼓励用户的规范。只要玩家已经订阅（每月、每周等），他们就可以获得比免费提供的访问更多的内容或更加完整的游戏版本。

限制访问。这不是一个很受欢迎的选择，这可以从1992年开始说起，游戏《德军司令部3D》（Id Software开发，1992年），其第一关在软盘上是可行的。你可以玩第一关"试玩"关卡，想要获得完整的游戏则需要购买。限制访问也适用于付费的多人游戏，以实现更高层次，等等。

F2P在一定程度上是可行的模式，但需要大量的前期费用去创作一个"免费"的游戏。游戏中创建多层级关系从而增强了对玩家的吸引力，引发了很多尝试，比如货币模式和各类嘉奖（职位层级显然是一件大事），所以你需要确定当你慷慨赠送一个"免费"游戏时，能够收回你的游戏开发成本。甚至大发行商也会在F2P游戏上出错（例如，神话娱乐iOS版本的《地下城守护者》，2013年）玩家可得到的免费的东西，在新的内容出现时还不如买个特权。

12.6

游戏内置广告有不同的方法，一些移动游戏可以是嵌入型的，而其他游戏使用植入式广告作为收入来源。在这个例子中，德国电信公司的广告是植入在《托尼霍克：直立滑行》中的墙面上。

12.7

免费任玩，基于浏览器的游戏《伦敦陷落》（Failbetter游戏，2009年）可以完全免费玩。如果他们希望加快游戏速度，玩家可以通过使用真实世界的货币来购买升级。《伦敦陷落》是一个以社区为基础的游戏，平衡免费增值模式，并且避免因为赚钱而让玩家生厌或疏远（很多游戏不断地出现小额支付选项而惹恼了玩家）。

抢先体验

Double Fine就是基于这样的抢先体验模式，在Kickstarter平台为《破碎时代》众筹却又半途而废之后帮助它摆脱了资金困境。而不是去找一个外部发行商去寻求资助《破碎时代》（并且可能失去冠名权），他们在Steam商店发布了第一片段，并使用第一部分销售的资金去资助第二部分的开发。

并不是所有抢先体验开发者们都可以因为他们的游戏而收到费用。这得取决于他们要提供多少游戏，以及更多需要开发的游戏。抢先体验作为一个命题被一些人看作是“付费演示”模式。实际上，过去来说服你购买它的免费游戏现在被标记为“抢先体验”并可能收取费用。但这不是关键问题。如果支付的游戏玩家意识到他们是在玩一个未完成的、还在开发中的且需要更多的资金的游戏，那么它就是个“买者自负”的案例了（购买者要慎重）。对于一些题材，如《僵尸末日》，抢先体验就已经被证明是个非常成功的尚在开发的范例。玩家有两个作用：他们所资助的游戏的早期版本使得他们觉得有趣，并提供了令人难以置信的有价值的反馈，发现缺陷和一些需要改进的地方，这是通过开发者提高游戏品质的方法。

由于抢先体验的成功，Steam已经更新了他们的规则和指导方针，试图平衡玩家抢先体验的付费量与创作游戏的开发人员的期望。本质上，Steam要保证游戏的设计者了解抢先体验必须持续下去，完成游戏并劝阻设计者对玩家做出承诺这可能永远不会实现，如多人游戏或合作社的特点是不太可能实现的。也有一些来自Valve经验的警告，例如不依赖于抢先体验作为融资模式，在媒体前谈论你的游戏时不能自相矛盾，并确保游戏实际可玩。

一旦你有了资金模式和财务模式，你必须慎重地思考如何保护你的创意知识产权。手机游戏市场中最紧迫的问题之一就是“克隆”游戏。虽然你可能已经为游戏制定了新的创意，但你仍需要知道如何保护你的游戏，防止他人抄袭。这不是一个简单的过程，目前版权法已经变得越来越复杂，因为互联网本身就为游戏的创作提供了“剪切和粘贴”的便利。

12.8

《僵尸末日》在2013年12月作为抢先体验正式发布，它已被证明是一款非常受欢迎的游戏，但其本质上是未完成的。由于使用了早期的模型，所以使得其游戏操作在“沙盒”模式下依然表现得不错。玩家可以找到自己的路径，探索游戏规则，并且这些都可以独立完成。

版权与知识产权

版权、专利、商标、知识产权（IP），以及其他重要的法律问题本身就是一本难读的书。基于我多年教本科生和研究生游戏设计，我将重点放在版权和知识产权这一领域。当一个学生给我一款新游戏的时候，我问的一个问题就是："这个游戏中有多少是你的？"我的学生不会故意剽窃别人的作品，他们觉得自己的。相反，我的问题是细致入微地问他们游戏思考中多少是他们原创的。他们有从网站或艺术品商店里借鉴素材吗？也许他们使用了一些从谷歌图像搜索的图标或纹理。如果是这样，他们打算出售该游戏时，是否得到了使用这些素材的许可？这似乎是一个很小的细节，但是如果他们忽视了这一点，那么其作品的版权无疑存在争议（甚至包括他们使用的界面字体）。

什么是"原创"？

一个侵犯版权的极端现象是把一个现有的游戏中的艺术元素都换掉，然后把它作为一款新的游戏进行推广（也称为换牌工程）。如果你已经创建了一个马里奥或超级食肉男孩风格的平台游戏（《男孩团队》，2010年），但有自身的特有元素和艺术风格，能带来一些新的或不同的风格，这算是原创。如果你创作的是已经过去的事物。那么这个游戏就是一个衍生品，属于原创内容和执行类型。没有人可以拥有游戏平台机制或者第一人称射击游戏机制的独家版权。对于动作类型和刺杀类型来说也不存在所谓版权——但《杀手代号47》和《刺客信条》是有版权的。

没有版权，我可以使用吗？

当为你的游戏创建资产，不要以为网上的素材或插图没有标明出处或商标就是没有版权。不同的国家创立的版权法律有所不同。在美国，只要任何想法或创意被发布在媒体上（即不是在创作者那里），那它就是有版权的。所以，如果有人在某网站上发布了素材，并没有给你具体的权限来使用它，那么你使用它可能会侵犯版权。著作权法中存在着大量的灰色领域，法律的变化也很难跟上数字技术的变化。

如果你对自己的游戏元素都不能确定，那么肯定的答案是寻求某种形式的法律顾问，这可能在最开始是昂贵的，当你进入进一步争论时会节省很多钱。同理，当你创建了一个新的合法的知识产权（你的新的电子游戏），你也希望能够保护它，不让他被别人复制。要做到这一点，你需要了解你所在国家，以及该游戏将要发行的其他国家的版权法（在本质上没有国际版权法，但许多国家，如英国和美国，都具有法律约束力的协议来处理跨越国界侵权）。

如果你对游戏中有些素材的合法性持疑，可以找原作者获得权限。即使这意味着花钱，但它可以省去以后的麻烦。有人发布了新的素材并将其公开化，那么你可以在一定的（非常开放）的权限下使用。

你甚至想和你的团队成员探讨你游戏的所有权的归属问题。例如，主美想卖你的游戏图纸，这可以接受吗？一如往常，这要看情况。朋友之间很难制定合同，但另一方面，有很多的友谊和项目因为缺少法律保障而破裂。电子游戏设计是一项工程，正如在任何设计实践中，你无须带有有侵略性或攻击性，一个专业的方法可以杜绝令人不悦甚至令人心痛的情况发生。

另一种版权和许可问题的思考方法是你正在创作一个新的电子游戏，而其他人可能想公然敲竹杠（或礼貌地借用）一天。那你确实应该想想如何对得起你的创作过程了。

12.9

美国版权制度的概述和你对工作的权利。这是一个非常简化的版本，版权制度并没有很好地与数字化世界保持统一。一如既往，这对于自己的知识产权是值得深入研究的。

12.9

版权©

给予原创作品的作者和创作者的专有权利

作者/创作者权利：

以任何方式或形式再现作品。

出版作品。

包括其他媒体形式的工作。

改编作品。

原创作品受50年版权保护。

作品从首次发表或由出版日期开始受到保护。

如果没有发表或公开，自作者去世那年结束。

版权是一种自动获得的权利，无须注册版权。

结论：感谢您的参与

感谢你阅读到最后。你现在已经拥有了所有关于开始制作你的第一个电子游戏的知识和概念背景。学习作为一个设计师如何玩游戏——分析什么是游戏以及它们是如何建立的——让你看到过去的娱乐因素和研究电子游戏的基础。你能更好地了解行业方法和思考电子游戏的方式，以及如何实现这些过程。从现在开始，你可以掌握创建世界、关卡、角色和界面，以及了解如何避免陈词滥调和消极的古板印象。在决策时你也会更好地了解筹资模式和货币化。在任何设计实践中，你必须从思考和专业操作这个过程开始入手。知道如何保护你的游戏，并与其他团队成员的建立关系是一个重要的部分。当你准备推出一个原创游戏时，你还需要关注你自己社区的建设，并把它推广出去，确保其他人都像你一样对游戏的发展感到兴奋。

记住，现在任何人都可以用同样的方式做电子游戏，任何人都可以做音乐。问题是，有很多糟糕的歌曲和电子游戏成为前车之鉴。与它们不同的是，具有激情会驱使你创作一个真正的好游戏。你的激情也需要在努力工作、研究和修正、建立批判性思维中达到平衡。最重要的是，你需要具备倾听他人的能力。作为一名设计师，要有倾听别人的能力——你的导师和你的同事将有能力提升你的创造力。要时刻征求意见和反馈，记住，最终游戏是由你发现和制作产生的。

所以，制作你的第一个游戏时，它可能会很糟糕。当你做第二个时，会比之前好很多。而当你做第三个时，你的游戏才会变得很成功。祝你好运！

参考文献

Rose, M. (2013), "Understanding the Realities of Video Game Monetization." Gamasutra, December 22. Available online: http://www.gamasutra.com/view/news/205412/Understanding_the_realities_of_video_game_monetization.php

更多资源

非程序员可用的行业标准软件

Adobe Gaming SDK

Adobe公司软件。Adobe游戏软件开发工具包（SDK）汇集了Adobe Flash、Flash Builder和Adobe Scout，其可创建多平台游戏，将游戏从桌面转到了浏览器和移动设备上。Flash作为创建网页游戏的平台，是行业中多年的领导者，同时拥有庞大的社区和大量在线资源。世界上很多非常热门的游戏都是利用Adobe游戏软件开发包制作的，尤其是Zynga公司的《开心农场2》。

Game Maker Studio

(www.yoyogames.com/studio)。Game Maker Studio是专门为非程序员开发的，其拥有的“拖拽”程序界面可以帮助用户轻而易举的创建简单的游戏，然后在熟练精通之后去组合更加复杂的游戏。汤姆·弗兰西斯（Tom Francis）利用Game Maker Studio创作了《枪口》（gunpoint）和他的新游戏《热能标记》（Heat Signature），同时汤姆还在You Tube上建立了关于Game Maker Studio的系列教程。(http://goo.gl/EOwnHR)

Game Salad

（www.gamesalad.com）。Game Salad运行在Mac OS和Windows操作系统，旨在更简单、有趣的进行页游和手游的创作。该应用主要用于手机游戏和网页游戏，但同时也可输出其他多种平台游戏，它拥有的拖放设计服务于实时物理和游戏行为系统。《神秘庄园》（The Secret of Grisly Manor）可以说是Game Salad制作的最大的游戏了（开发商Fire Maple Games. iOS & Android）。

RPGMaker

株式会社股份有限公司。顾名思义这是一个开发工具包，专门针对角色扮演类冒险游戏的制作（RPGs）。它提供了与游戏风格相关联的tile-based引擎，例如《勇者斗恶龙》（Dragon Quest series）系列或者《最终幻想》（Final Fantasy）。但同时该软件可以被用来制作各种不同的RPG游戏或基于叙事的游戏，RPG Maker制作的一款著名游戏就是Freebird Games团队2011年推出的《去月球（To the Moon）》。

Unity Game Engine

(unity3d.com)。Unity是一个跨平台的游戏开发系统，它有免费版和付费版，即使是免费版本，仍允许开发人员输出游戏到Mac、PC和网页，它是各个层次开发者都适用的强大且经济的游戏引擎。《到家》（Gone Home）就是这个引擎创作的。

UnReal SDK

（Epic Games; www.unrealengine.com）。虚幻引擎是用于创建游戏例如《战争机器》（Gears of War）和《蝙蝠侠：阿甘之城》（Batman: Arkham City）的行业标准游戏引擎。此款游戏开发软件可以免费使用，虚幻引擎并不如Unity一般容易上手，但是它是一款供开发人员使用的3A级游戏引擎，同时还提供了一些偏技术化的教程。（https://udn.epicgaxnes.com/Three/VideoTutorials.html）

开放资源（免费）工具和社区

3DS Max

Autodesk软件公司。3DS Max是行业一款标准的集3D建模，动画和编程应用的软件。它广泛应用于电子游戏和电影业。它曾被用于《光环2》（Halo 2），《辐射3》（Fallout 3）（育碧蒙特利尔，2008年）。它与Maya一样向学生提供免费版本。

Cinema4D

Maxon Computer，Blender 3D (www.blender.org)。Blender 3D是一款免费的3D建模和动画工具。Cardboard Computer制作和发行的的游戏有《肯塔基0号路》（Kentucky Route Zero），Cinema 4D可以说是一款三维建模和动画制作入门较容易的软件，它还有学生和教师的免费版本（用于非商业目的）。它是基础建模软件类似SketchUp和MAYA等高端应用之间的桥梁。Cinema4D曾被用于制作《宝贝万岁》（Viva Pinata）（Rare，2006年）和《企业联合组织》（Syndicate）（星风工作室，2012年）。

Google SketchUp (and Pro)

www.sketchup.com。这是一款自由且容易上手的3D建模程序，对于电子游戏来说，sketchup普遍运用于快速创造环境和水平面的雏形。《顽皮狗》（Naughty Dog）的艺术总监Robh Ruppel曾利用SketchUp对《神秘海域2》进行概念设计。（http://www.sketchup.com/case-study/uncharted-2）

Maya, Autodesk软件

（www.autodesk.com/products/maya）。与3DSmax类似，Maya是行业标准的3D建模和动画制作软件，广泛用于游戏，电影，电视和建筑行业。它曾被用于制作《侠盗猎车手》（Grand Theft Auto）系列，《Madden》，和《光晕》（Halo）（还有其他很多）。Maya还提供学生免费版和非营利性质的用户。

用户可以在Unity3D提供的应用商店中下载一些免费或者收费的模型，纹理贴图和材质等用于游戏中。

有大量网站提供各层次预算下的类似的资源（例如archive3d.net和Unity自己的社区，http://www.blender.org/support/）.

深入阅读

A Casual Revolution: Reinventing Video Games and Their Players. Jesper Juul. 2012

Better Game Characters by Design: A Psychological Approach. Katherine Isbister. 2005

Character Development and Storytelling for Games. Lee Sheldon. 2013

Chris Crawford on Game Design. Chris Crawford. 2003

Game Feel: A Game Designer’s Guide to Virtual Sensation. Steve Swink. 2008

Game Usability: Advancing the Player Experience. Katherine Isbister & Noah Schaffer. 2008

Get in the Game: Careers in the Game Industry. Marc Mencher. 2002

Half-Real: Video Games between Real Rules and Fictional Worlds. Jesper Juul. 2011

Interactive Storytelling: Techniques for 21st Century Fiction. Andrew Glassner. 2004

Morphology of the Folktale. V. Propp & Laurence Scott. 1968

Pause & Effect: The Art of Interactive Narrative. Mark Stephen Meadows. 2002

Reality Is Broken: Why Games Make Us Better and How They Can Change the World. Jane McGonigal. 2011

Sex in Video Games. Brenda Brathwaite. 2013

Sketching User Experiences: Getting the Design Right and the Right Design. Bill Buxton. 2007

The Imagineering Workout Paperback. The Disney Imagineers. 2005

Theory of Fun for Game Design. Raph Koster. 2013

Understanding Comics: The Invisible Art. Scott McCloud. 1994

你需要知道的网站

D.I.C.E. (Design, Innovate, Communicate, Entertain): dicesummit.org

Eurogamer.net

Extra-credits.net

Feministfrequency.com

Gamasutra.com

Game Developers Association, Conference Video Vault: gdcvault.com

Gamepolitics.com

Gamestudies.org

International Game Developers Association (IGDA): www.igda.org

Polygon.com

Rockpapershotgun.com

一般行业术语

80/20法则（即帕累托法则80/20）：80%的产出源自20%的投入（帕累托法则指出的影响80%的原因来自20%）。

敏捷开发（Agile development）：通过跨学科团队和自组织的合作来解决设计问题。

Alpha：核心玩法，艺术设计和游戏设置是第一个里程碑阶段。

Bata：游戏已经全部完成后，但质量检测、bug测试、代码修复仍在继续。

按钮与彩虹（Buttons and rainbows）：常被用于类似《糖果粉碎传奇》的游戏中，玩家通过简单的互动获取强烈的审美体验和心理满足。

砍柴（Chopping wood）：近战或格斗，感觉上还原而乏味。

代码冻结（code freeze）：在截止日期前仅仅对错误代码进行修改，而没有新代码的加入。

代码发布（code release）：代码已经完成并通过了游戏运行测试，将发送给运营商进行测评。

代码柱（code pillars）：游戏的核心技术和资产（例如跳跃、潜行、魔法咒语），它们使游戏得以逐步发展。

碎布缝成的被单（crazy quilt）：环境贴图使用了太多纹理材质和艺术渲染，没有统一的主题和基调。

关键时刻（Crunch time）：全体工作人员在某时间点或者发行商的最后期限前加紧工作。

数据牧马人（Data wrangler）：专门调整游戏角色类型、物品、系统设置的可玩性的人。

设计手榴弹（Design grenade）：一个方案在执行的时候，导致了游戏整体大范围的破坏。

跳进兔子洞（Down the rabbit hole）：追求游戏情节无限的可能性或者改变游戏本身和它的含义。

引擎手榴弹（Engine gremlins）：一些程序毫无缘由地突然停止运行。

浮沉载荷（Falling upward）：备受瞩目的人获得晋升，超过了应得的人，是为了避免其妨碍研发过程。

胖手指（fat finger）：由于意外删除或者代码键入错误导致游戏架构破坏崩溃。

功能蔓延（feature creep）：计划外（和未列入预算）的游戏功能通过微妙的、非官方的手段进行实现。

初步试玩版本（first playable）：原版本游戏包含的资源，研发人员，游戏玩法代表了整体游戏水平。

Flavor（in-game art）：贴纸、涂鸦和互动项目可以加深游戏环境故事背景的深度和现实性。（例如《生化奇兵》的海报和《传送门》的涂鸦）。

背景叙述（Flavor text）：利用游戏内或者游戏外的背景文字进行展示（例如《上古卷轴》利用包装盒艺术通过文字来介绍游戏的情境）。

Frankenbuild：作为游戏的一部分，它的代码或资源从不应该被放在一起，那种行为实在是令人厌恶的。

正式版（Going gold/Gold master）：游戏测试完成且准备好进入发行程序。

研磨（Grinding）：描述游戏开发的烦琐环节（同时在游戏中进行烦琐的操作）。

神交（Grok/grokking）：彻底理解问题或者剧本。

Hello, Monster moment：当遭遇糟糕的设计决策，例如运营人员想模仿攀附流行趋势（"我们可以设计多人游戏模式吗?那个现在很热门。"那就是Hello, Monster moment）。

高水位（High level）：过于概念化且不具体的想法点子。

构想者（Idea guy）：参与设计和构想游戏的人比制作游戏的人更重要。

象牙塔（Ivory tower）：通常是对理论派的贬义词，在游戏行业是指那些上层领导和决策者下达空想的决策。

Janky：当某些部分（艺术或者技术方面）看起来一般和貌不惊人。

地方化（Localization）：针对国外市场的翻译（配音、字幕或者文化比喻）

时间表（Milestones）：通常由发行商制定，主要是帮助追踪进度，明确开发过程中的重要节点。

削弱调整（Nerfing）：对于游戏中的虚拟世界、资源、角色等进行适当地削弱，来调整和平衡游戏。

口腔清洁（Palate cleansing）：用来调节游戏节奏，让玩家在体验主要游戏内容的间隙做一些别的事情（例如在《孤岛惊魂4》中，在主线任务的间隙可以探索景观和打猎）。

嘎嘎叫的鸭子（Quacking duck/Misdirection）：在游戏开发过程中添加一些明显违背审美的东西，给执行者或发行人提出类似意见观点，使他们在开发过程中分心。

投资回报率（ROI）：投资回报。

牺牲品（Sacrificial lamb）：开发者刻意在游戏中添加一些东西，以迎合管理部门/市场部门/领导希望在游戏中感受到至少一点非常强大的元素。

SCRUM：项目管理，灵活的全方位发展战略，开发团队作为一个整体朝着一个共同的目标努力（程序员、编剧、音效、美术指导等）。

搁置点（Shelving point）：到达游戏中的某个阶段点时玩家可能会停止继续玩，并且不会再回归此游戏。

搅局者（Showstopper）：当游戏即将获得重要认可时显露出的bug错误。

Tardis 效果（Tardis effect）：艺术家的设计本质内涵超越了外在表面。

Tech pimping：从样品上看游戏和技术似乎不错，然而这款游戏本身各方面可能并不理想。

展会演示（Trade show demo）：准备游戏的试玩样品（还有一些宣传材料，类似海报和视频片花，用于在重要的游戏展会如E3和PAX上展出）。

更多行业术语可以在凯恩·申（Kain Shin）于2011年编纂的《游戏文化词典》（A game Studio Culture Dictionary）中找到。

http://www.gamesutra.com/view/feature/134872/a_game_studio_Culture dictionary php

图片版权

Cover image: Kentucky Route Zero courtesy Cardboard Computer

0.1 Courtesy Electronic Arts Inc. Mirror's Edge™ is a trademark of Electronic Arts Inc. and its subsidiaries

1.1 LittleBigPlanet™ ©2008 Sony Computer Entertainment Europe. "LittleBigPlanet," "LittleBigPlanet logo," "Sackboy," and "Sackgirl" are trademarks or registered trademarks of Sony Computer Entertainment Europe. All rights reserved

1.3 WipEout HD, Sony Computer Entertainment

1.4 Viva Piñata, Microsoft Studios

1.5 Call of Duty®: Modern Warfare® 3, Activision Publishing, Inc.

1.6 Halo 2, Microsoft Studios

1.10 Metal Gear Solid 4 ©Konami Digital Entertainment B.V.

1.11–1.13 Canabalt screenshots and photos by Finji, Copyright 2009

1.14 Gravity Hook screenshots and photos by Finji, Copyright 2009

2.1 Kentucky Route Zero, Cardboard Computer

2.2 Mass Effect™ 3 Courtesy Electronic Arts Inc. Mass Effect is a trademark of Electronic Arts Inc. and its subsidiaries

2.4 Call of Duty®: Black Ops II, Activision Publishing, Inc.

2.5 Gears of War 2, Microsoft Studios

2.6 Resident Evil 5 ©Capcom Co., Ltd. All Rights Reserved.

2.7 Gone Home, Fullbright

2.8 Forza Motorsport 5, Microsoft Studios

2.10 Resident Evil 4 HD, ©Capcom Co., Ltd. All Rights Reserved.

2.11–2.14 Kentucky Route Zero, Cardboard Computer

3.1 Gone Home, Fullbright

3.2 Madden NFL 25. Courtesy Electronic Arts Inc. The mark "John Madden" and the name, likeness and other attributes of John Madden reproduced on this product are trademarks or other intellectual property of Red Bear, Inc. or John Madden, are subject to license to Electronic Arts Inc., and may not be otherwise used in whole or in part without the prior written consent of Red Bear or John Madden. All rights reserved.

3.4 Forza Motorsport 3, Microsoft Studios

3.5 Sleeping Dogs, Courtesy Square Enix

3.6a Batman: Arkham Origins image used courtesy of Warner Bros. Entertainment Inc.

3.6b Call of Duty®: Modern Warfare® 3, Activision Publishing, Inc.

3.7a Dead Space™ Courtesy Electronic Arts Inc. Dead Space is a trademark of Electronic Arts Inc. and its subsidiaries

3.7b Resident Evil 4 HD ©Capcom Co., Ltd. All Rights Reserved.

3.9 Mass Effect™ Trilogy and Mass Effect 3 Courtesy Electronic Arts Inc. Mass Effect is a trademark of Electronic Arts Inc. and its subsidiaries.

3.10 Extra Credits YouTube Channel, James Portnow/Rainmaker Games LLC

4.1 flOw, Sony Computer Entertainment

4.8 Getty/James Braund/D. Sharon Pruitt, Pink Sherbet Photography

4.9a Grand Theft Auto V screenshot Courtesy of Rockstar Games, Inc. All Rights Reserved. No part of this work may be reproduced in any form or by any means—graphic, electronic, or mechanical, including photocopying, recording, online distribution, or information storage and retrieval systems—without the written permission of the publisher or the designated rightsholder, as applicable.

4.9b Journey, Sony Computer Entertainment

4.10 Shadow of the Colossus, Sony Computer Entertainment

4.11 The Elder Scrolls V: Skyrim® ©2011 Bethesda Softworks LLC, a ZeniMax Media company. All Rights Reserved.

4.12 Fallout® 3 ©2008 Bethesda Softworks LLC, a ZeniMax Media company. All Rights Reserved.

4.13 Gunhouse, Necrosoft Games

5.1 Final Fantasy XIV: A Realm Reborn, courtesy Square Enix

5.3a Dishonored® ©2011 ZeniMax Media Inc. All Rights Reserved.

5.3b Tomb Raider, courtesy Square Enix

5.6 Geometry Wars: Retro Evolved 2, Activision Publishing, Inc. Everyday Shooter, Sony Computer Entertainment

5.7 Fallout® 3 © 2008 Bethesda Softworks LLC, a ZeniMax Media company. All Rights Reserved.

图片版权

5.9 The Elder Scrolls V: Skyrim® ©2011 Bethesda Softworks LLC, a ZeniMax Media company. All Rights Reserved.

5.12 Uncharted 2: Among Thieves, Sony Computer Entertainment

5.13 God of War II, Sony Computer Entertainment

5.14 Kentucky Route Zero, Cardboard Computer

5.15–5.17 Gone Home, Fullbright

6.1 GoldenEye 007: Reloaded, Activision Publishing, Inc.

6.2-3 Resident Evil 5 © Capcom Co., Ltd. All rights reserved.

6.4 Titanfall™, courtesy Electronic Arts Inc. Titanfall is a trademark of Respawn Entertainment LLC. Courtesy Electronic Arts Inc.

6.5 Multi-path narrative sketch, Victoria Pimentel

6.6 Halo 3, Microsoft Studios

6.8 Draft art assets, Victoria Pimentel

6.9 The Diaries of Professor Angell; Deceased, Michael Salmond

6.10 The Walking Dead, Telltale Games

6.11 Diablo 3 ©2014 Blizzard Entertainment, Inc. All rights reserved. Diablo, Blizzard, Battle.net and Blizzard Entertainment are trademarks or registered trademarks of Blizzard Entertainment, Inc. in the U.S. and/or other countries.

6.12 This screenshot is from DayZ game and was used with the permission of Bohemia Interactive a.s. DayZ mod is created by Dean Hall. ©Copyright Bohemia Interactive a.s. All rights reserved

6.13 Gone Home, Fullbright

7.1 Tomb Raider, courtesy Square Enix

7.2 Halo 3, Microsoft Studios

7.3 Batman: Arkham Origins image used courtesy of Warner Bros. Entertainment Inc.

7.4 Gomo, courtesy Daedalic Entertainment GmbH

7.5a Fallout: New Vegas® ©2010 Bethesda Softworks LLC, a ZeniMax Media company. All Rights Reserved.

7.5b LittleBigPlanet, Sony Computer Entertainment

7.6 Tomb Raider, courtesy Square Enix

7.7 Gomo, courtesy Daedalic Entertainment GmbH

7.8 The Elder Scrolls IV: Oblivion® © 2006 Bethesda Softworks LLC, a ZeniMax Media company. All Rights Reserved.

7.9 Rumble Roses XX ©Konami Digital Entertainment B.V.

7.10 Dead Island, Koch Media

7.11a The Walking Dead, Telltale Games

7.11b The Last of Us, Sony Computer Entertainment

7.12 Gomo, courtesy Daedalic Entertainment GmbH

7.15 The Elder Scrolls V: Skyrim® ©2011 Bethesda Softworks LLC, a ZeniMax Media company. All Rights Reserved.

7.16 Moodboard images courtesy Getty Images, Hinterhaus Productions, Jeffrey Coolidge, Andrew Kornylak, Maria Luisa Corapi, Buena Vista Images, Science Photo Library, Mike Harrington, Willie B. Thomas

7.17a Army of Two Courtesy Electronic Arts Inc. Army of Two is a trademark of Electronic Arts Inc. and its subsidiaries.

7.17b Tomb Raider, courtesy Square Enix

7.18 The Lighthouse and the Lock, courtesy James Fox

8.1 Gears of War 3, Microsoft Studios

8.2 The Elder Scrolls V: Skyrim® ©2011 Bethesda Softworks LLC, a ZeniMax Media company. All Rights Reserved.

8.5–8.6 Gomo, courtesy Daedalic Entertainment GmbH

8.9 Dead Space 2 courtesy Electronic Arts Inc. Dead Space is a trademark of Electronic Arts Inc. and its subsidiaries

8.12a Gears of War 3, Microsoft Studios

8.12b Uncharted 3: Drake's Deception, Sony Computer Entertainment

8.14 Fallout® 3 ©2008 Bethesda Softworks LLC, a ZeniMax Media company. All Rights Reserved.

8.15–8.17 Gunpoint, courtesy Tom Francis

9.1 The Elder Scrolls V: Skyrim® ©2011 Bethesda Softworks LLC, a ZeniMax Media company. All Rights Reserved.

9.2a The Last of Us, Sony Computer Entertainment

9.2b God of War III, Sony Computer Entertainment

9.5 Uncharted 3: Drake's Deception, Sony Computer Entertainment

9.8a Fable II, Microsoft Studios

9.8b–9.9 The Elder Scrolls IV: Oblivion® © 2006 Bethesda Softworks LLC, a ZeniMax Media company. All Rights Reserved.

9.16a Fallout® 3 © 2008 Bethesda Softworks LLC, a ZeniMax Media company. All Rights Reserved.

9.16b Dead Island, Koch Media

9.17a Fable III, Microsoft Studios

9.17b Dead Island, Koch Media

9.18 Gears of War 3, Microsoft Studios

9.19 Tomb Raider, courtesy Square Enix

9.20–9.21 LittleBigPlanet™ ©2008 Sony Computer Entertainment Europe. "LittleBigPlanet," "LittleBigPlanet logo," "Sackboy" and "Sackgirl" are trademarks or registered trademarks of Sony Computer Entertainment Europe. All rights reserved.

10.1 Super Mario 3D World ©Nintendo 2013

10.2a Gran Turismo 5, Sony Computer Entertainment

10.2b Tomb Raider, courtesy Square Enix

10.5 Dance Dance Revolution, courtesy Square Enix

10.6 Fallout® 3 ©2008 Bethesda Softworks LLC, a ZeniMax Media company. All Rights Reserved.

10.8 Gears of War 3, Microsoft Studios

10.9 Sleeping Dogs, courtesy Square Enix

11.1 Fallout: New Vegas® ©2010 Bethesda Softworks LLC, a ZeniMax Media company. All Rights Reserved.

11.4 Mass Effect, Microsoft Studios

11.6 Mirror's Edge. Courtesy Electronic Arts Inc. Mirror's Edge is a trademark of Electronic Arts Inc. and its subsidiaries.

11.7 The Last of Us, Sony Computer Entertainment

11.8 Metro 2033, Koch Media

11.9a–b Fallout® 3 ©2008 Bethesda Softworks LLC, a ZeniMax Media company. All Rights Reserved.

11.9c Mass Effect, Microsoft Studios

11.11 The Elder Scrolls V: Skyrim® ©2011 Bethesda Softworks LLC, a ZeniMax Media company. All Rights Reserved

11.12 GRID 2 ©The Codemasters Software Company Limited. GRID 2™ is a trademark of Codemasters

11.13 Crusader Kings 2, Paradox Development Studio

11.14 Fable II, Microsoft Studios

11.15 Madden NFL 13 Courtesy Electronic Arts Inc. The mark "John Madden" and the name, likeness and other attributes of John Madden reproduced on this product are trademarks or other intellectual property of Red Bear, Inc. or John Madden, are subject to license to Electronic Arts Inc., and may not be otherwise used in whole or in part without the prior written consent of Red Bear or John Madden. All rights reserved.

12.1 The Last of Us Remastered, Sony Computer Entertainment

12.2 Back to the Future (ios), Telltale Games

12.4 Guild Wars 2 ©2010–2014 ArenaNet, LLC. All rights reserved. Used with permission.

12.5a Hearthstone: Heroes of Warcraft ©2014 Blizzard Entertainment, Inc. All rights reserved. Hearthstone: Heroes of Warcraft, Blizzard, Battle.net and Blizzard Entertainment are trademarks or registered trademarks of Blizzard Entertainment, Inc. in the U.S. and/or other countries.

12.5b League of Legends ©Riot Games

12.6 Tony Hawk: Ride, Activision Publishing, Inc.

12.7 Fallen London, All images and text copyright Failbetter Games Ltd 2015

12.8 DayZ. This screenshot is from DayZ game and was used with the permission of Bohemia Interactive a.s. DayZ mod is created by Dean Hall. ©Copyright Bohemia Interactive a.s. All rights reserved.

致谢

非常感谢所有参与本书编写的人。

我的贡献者们：

汤姆·弗朗西斯，亚当·萨尔茨曼，杰克·埃利奥特，塔马斯·凯门齐。本·巴比特，詹姆斯·波特诺，布兰登·谢菲尔德，史蒂夫·盖纳，凯特·克雷格，詹姆斯·福克斯，雷克斯·克罗尔，卡里姆·伊图尼，肯尼斯·杨，泰森·斯蒂尔和维多利亚·皮门特尔。

谨以此书纪念特伦斯·W·西蒙（1933年-2014年）。

十分感谢杰奎琳·萨蒙德给予的大力支持和校对，感谢编辑格鲁吉亚·肯尼迪的理解和帮助，同时感谢凯蒂·格林伍德对所有图片的许可权限的追踪。

感谢以下出版商：

陈弘毅，阿图罗·辛克莱，汤姆·斯洛泼，詹姆斯·汤普森，克里斯·托滕和西蒙·里德。